# Künstliche Intelligenz

Arnold Kitzmann

# Künstliche Intelligenz

## Wie verändert sich unsere Zukunft?

 Springer

Arnold Kitzmann
Management-Institut Dr. Kitzmann
Münster, Deutschland

ISBN 978-3-658-37699-4     ISBN 978-3-658-37700-7 (eBook)
https://doi.org/10.1007/978-3-658-37700-7

Die Deutsche Nationalbibliothek verzeichnet diese Publikation in der Deutschen Nationalbibliografie;
detaillierte bibliografische Daten sind im Internet über http://dnb.d-nb.de abrufbar.

Einbandabbildung: © https://www.shutterstock.com/de/image-vector/retro-future-space-illustration-
set-spacecraft-2019228431

Planung/Lektorat: Irene Buttkus
Springer ist ein Imprint der eingetragenen Gesellschaft Springer Fachmedien Wiesbaden GmbH und ist
ein Teil von Springer Nature.
Die Anschrift der Gesellschaft ist: Abraham-Lincoln-Str. 46, 65189 Wiesbaden, Germany

# Vorwort

Die Künstliche Intelligenz gewinnt in allen Bereichen eine immer größere Bedeutung. Wir befinden uns mitten in einem fundamentalen Wandel, der unser Leben auf der gesellschaftlichen, politischen und persönlichen Ebene grundlegend verändert. Ich will in diesem Buch die Hintergründe und zukünftigen Auswirkungen der Künstlichen Intelligenz anschaulich und praxisgerecht beschreiben. Die Vor- und Nachteile einer noch unüberschaubaren Entwicklung versuche ich gegenüberzustellen.

Unser Leben verändert sich immer schneller, bisher kaum vorstellbare Möglichkeiten eröffnen neue Horizonte und die psychologischen Auswirkungen dieser neuen Entwicklungen können wir erst erahnen.

Die Komplexität des Zusammenlebens in unserer Gesellschaft nimmt immer mehr zu, wir sind Einflüssen ausgesetzt, die wir kaum noch durchschauen. In allen Bereichen unseres Lebens eröffnet die Künstliche Intelligenz neue Möglichkeiten, deren Auswirkungen unser Vorstellungsvermögen überschreiten. Gleichzeitig müssen wir uns immer bewusster werden, dass zu unserer Lebensqualität persönliche Freiheit, Unabhängigkeit und selbstständiges Handeln gehört. Dies ist nur möglich, wenn wir die Einflüsse durchschauen, denen wir zunehmend ausgesetzt sind.

Unsere Möglichkeiten der Informationsbeschaffung werden immer einfacher, die Spuren, die wir hinterlassen, immer größer. Ethik und Demokratie sind die wichtigsten Maßstäbe, die wir uns bewusst machen müssen, um Künstliche Intelligenz richtig einzusetzen. Künstliche Intelligenz wird in diesem Buch aus philosophischer, lebenspraktischer und zwischenmenschlicher Sicht beleuchtet, um möglichst unterschiedliche Sichtweisen einzubeziehen.

Für interessante Anregungen danke ich meiner Frau Elisabeth. Auch meine Lektorin, Frau Gisela Gottbrath, hat mich sehr bei der Arbeit unterstützt. Zudem bedanke ich mich bei Frau Irene Buttkus und Frau Birgit Borstelmann vom Springer-Verlag.

Allen Leserinnen und Lesern wünsche ich eine anregende und zukunftsweisende Lektüre.

Ihr

Münster, Deutschland                                      Arnold Kitzmann
im Frühjahr 2022

# Inhaltsverzeichnis

**1 Künstliche Intelligenz – Einführung in die Thematik**  1
1.1 Möglichkeiten Künstlicher Intelligenz  6
1.2 Künstliche Intelligenz und Superintelligenz  10
Literatur  17

**2 Künstliche Intelligenz und Ethik**  19
Literatur  24

**3 Künstliche Intelligenz und Philosophie**  25
Literatur  44

**4 Veränderung unserer Lebensbereiche durch Künstliche Intelligenz**  47
4.1 In welchen Lebensbereichen ist Künstliche Intelligenz manifest?  51
4.2 Der Einsatz Künstlicher Intelligenz im militärischen Bereich  54
4.3 Künstliche Intelligenz und Mustererkennung  55
4.4 Künstliche Intelligenz und Demokratie  58
Literatur  64

**5   Künstliche Intelligenz und menschliche Intelligenz**          65
   5.1   Künstliche Intelligenz und veränderte Berufswelt          66
   5.2   Künstliche Intelligenz und Lebensverlängerung          77
   5.3   Künstliche Intelligenz und das menschliche Gehirn          81
   5.4   Künstliche Intelligenz, Moral und Emotionen          89
   5.5   Künstliche Intelligenz und Erkenntnisgewinn          95
   5.6   Künstliche Intelligenz und menschliche Fähigkeiten          101
   5.7   Neue Aspekte der Künstlichen Intelligenz          106
   Literatur          110

**6   Künstliche Intelligenz – Vor- und Nachteile**          113
   6.1   Beispiele für den Einsatz der Künstlichen Intelligenz          116
   6.2   Wie unterscheidet sich die Künstliche Intelligenz von der menschlichen Intelligenz?          118
   6.3   Künstliche Intelligenz und die Manipulation von Menschen          119
   6.4   Perspektiven der Künstlichen Intelligenz          122
   Literatur          126

**7   Ausblicke und zukünftige Entwicklungen**          127
   7.1   Künstliche Intelligenz vor dem Hintergrund der Erkenntnis          136
   7.2   Künstliche Intelligenz und Datenanalyse          137
   7.3   Künstliche Intelligenz und Gefährdungspotenziale freiheitlicher politischer und gesellschaftlicher Ordnungen          138
   7.4   Verschiedene Arten der Intelligenz          151
   7.5   Künstliche Intelligenz und extraterrestrische Phänomene          154
   7.6   Die Zukunft der Künstlichen Intelligenz          156
   Literatur          158

**Literaturempfehlungen**          161

# 1

# Künstliche Intelligenz – Einführung in die Thematik

Künstliche Intelligenz wird unser Leben auf unglaubliche Weise verändern. Alle Bereiche unseres Zusammenlebens sind davon betroffen. Von daher ist es hochinteressant, sich damit zu beschäftigen.

Künstliche Intelligenz wird auch als Schlüsseltechnologie unseres Jahrhunderts bezeichnet. Sie revolutioniert unser Arbeitsleben und unser privates Leben gleichermaßen. Mit der Künstlichen Intelligenz haben wir uns in eine weitere industrielle Revolution begeben. Durch sie werden neue Arbeitsplätze geschaffen, bestehende verändert und bisher nicht gekannte Ausbildungen erforderlich. Selbst auf den Gebieten der Kunst und der Wissenschaft lassen sich mittels Algorithmen Erkenntnisse gewinnen und die Simulation spezifischer Situationen generieren.

Im Zusammenhang mit Künstlicher Intelligenz wird auch immer wieder die Frage gestellt, ob sie in der Lage sei, die menschliche Intelligenz zu überbieten. Könnte der Mensch irgendwann einmal sogar vollständig überflüssig werden, nämlich dann, wenn Künstliche Intelligenz komplexere Algorithmen entwickelt, die sich selbstlernend verbessern, der Mensch demnach also entbehrlich wird?

Die Wissenschaft geht inzwischen zunehmend davon aus, dass sich zukünftiger Wohlstand nur durch Künstliche Intelligenz wird sichern las-

© Der/die Autor(en), exklusiv lizenziert an Springer Fachmedien Wiesbaden GmbH, ein Teil von Springer Nature 2022
A. Kitzmann, *Künstliche Intelligenz*, https://doi.org/10.1007/978-3-658-37700-7_1

sen. Wir sind immer noch nicht in der Lage, genau zu erkennen, wie unser Gehirn die Wirklichkeit konstruiert. Mithilfe Künstlicher Intelligenz könnten wir versuchen, komplexere Strukturen zu erfassen und auf diese Weise unser menschliches Gehirn zu erweitern. So gehen beispielsweise nicht wenige Astronomen davon aus, dass außerhalb unseres Sonnensystems erdähnliche Planeten existieren, auf denen es Lebewesen gibt, deren Realität wir kaum nachvollziehen können. Unter Zuhilfenahme Künstlicher Intelligenz könnten wir aber versuchen, völlig andere Intelligenzstrukturen zu begreifen und sichtbar zu machen.

Künstliche Intelligenz wird nicht selten als Bedrohung erlebt, häufig und zum überwiegenden Teil aber auch als Chance, die völlig neue Wege aufzeigt. Dabei sind die Einsatzmöglichkeiten der Künstlichen Intelligenz nahezu unbegrenzt.

Künstliche Intelligenz unterstützt zum Beispiel die Automobilindustrie, die sich in einem radikalen Strukturwandel befindet. Elektromobilität und autonomes Fahren eröffnen völlig neue Möglichkeiten, die auf Künstliche Intelligenz zugreifen. Künstliche Intelligenz und Maschinelles Lernen schaffen ein Fundament, das von Grund auf neue Blickwinkel erschließt. Sie wird damit also zur Schlüsselkompetenz.

Lernende Maschinen übernehmen zusehends Arbeiten, die bislang von Menschen ausgeführt wurden. Die Furcht vor dem Verlust von Arbeitsplätzen ist daher groß. Zugleich erschließen sich im Zuge dieser Entwicklungen aber auch immer wieder bisher ungekannte Möglichkeiten für völlig neue Arbeitsverhältnisse und Tätigkeitsprofile und dies in einer ungeahnten Vielzahl. Unser Verhältnis zu Daten erfordert eine Neubewertung, da sich uns mit Big Data bisher unvorstellbare Möglichkeiten eröffnen. Im Zuge dieser Veränderungen wird der Aus- und Weiterbildung sowie dem lebenslangen Lernen bei der Entwicklung und Anwendung Künstlicher Intelligenz ein ganz zentraler Stellenwert zukommen.

Künstliche Intelligenz kann uns auch dabei unterstützen, gezielt abzuschalten, um so die Wahrnehmung zu unseren und die Bindung an unsere ursprünglichen Bedürfnisse nicht zu verlieren. Zugleich möchten wir dabei aber einen Überblick behalten, um unsere Zielvorstellungen im Berufs- und Privatleben zu festigen. Selbstbestimmung und Authentizität sind zentrale menschliche Bedürfnisse, sie dürfen durch Künstliche Intelligenz nicht negativ beeinflusst oder ihr untergeordnet werden. Zur erfolgreichen Unterstützung durch Künstliche Intelligenz gehört auch, dass wir dosierte Risiken eingehen und für neue, originelle Wege aufgeschlossen sind. Dies bedeutet: Wir sind in diesem Kontext gefordert, eine positive und produktive Einstellung gegenüber unserer Experimentierfreudigkeit zu entwickeln. Nur so lassen sich neue Wege entdecken und erschließen.

Mittels Künstlicher Intelligenz lässt sich beispielsweise eine Vielzahl von Partituren einstudieren, aus denen wiederum eigene Kompositionen gebildet werden können, die kaum zu unterscheiden sind von Kompositionen bekannter Komponisten. Gerade die Analyse großer Datenmengen ermöglicht es uns, zu neuen Sichtweisen zu gelangen. Die radikale Erhöhung der Rechnerleistungen hat die Entwicklung quantitativer Methoden forciert, welche intensive Analysen erlauben. Daten aus unterschiedlichen Bereichen lassen sich kombinieren mit der Folge, neue Musterunregelmäßigkeiten erkennbar zu machen. Gerade im Medizinbereich ermöglichen solche Analysen eine Verbesserung der Diagnostik, etwa bei der altersbedingten Makuladegeneration. Eine Vielzahl von Netzhautaufnahmen wurde dabei verglichen, analysiert und ausgewertet. Das Augenzentrum am St. Franziskus-Hospital in Münster war dabei Vorreiter und hat, gemeinsam mit der Münsteraner Unternehmen Westfalia Datalep, sehr wertvolle Methoden entwickeln können, die in der Augenheilkunde äußerst hilfreich sind. Und ein weiteres Beispiel aus einem anderen Forschungsfeld: Das bekannte Unternehmen Deep Mind, inzwischen von Google übernommen, hat an Möglichkeiten gearbeitet, professionelle Go-Spieler bei diesem asiatischen Brettspiel zu schlagen. Solche Beispiele verdeutlichen die überraschenden Fähigkeiten der Künstlichen Intelligenz, menschliche Gehirnleistungen durchaus zu überbieten.

Die Künstliche Intelligenz gestattet es also, riesige Datensätze auszuwerten. Dabei werden die Anwendungsmöglichkeiten in Medizin und Wirtschaft zunehmend weiterentwickelt und führen zu neuen verblüffenden und originellen Lösungen.

Künstliche Intelligenz ist eine Schlüsseltechnologie, die bereits in vielen Unternehmensbereichen eingesetzt wird. Jedes Gerät und jede Maschine liefern unendlich viele Daten. Diese müssen systematisch erfasst werden, um daraus Algorithmen zu generieren. Eines der bekanntesten

Anwendungsbeispiele hierfür ist die fortgeschrittene Fahrassistenz und das Automatisierte Fahren.

Das menschliche Vertrauen in die Künstliche Intelligenz ist einer der Dreh- und Angelpunkte im Zuge dieser neuen Entwicklungen. Ihr Einsatz muss ethisch fundiert sein, damit der Mensch sich nicht entmündigt fühlt. Er muss die Kontrolle über sie behalten. Die gesellschaftliche Verantwortung im Zusammenhang mit der Anwendung und dem Einsatz der Künstlichen Intelligenz muss also bei allen Fragestellungen immer im Vordergrund stehen. Einerseits ist der verantwortungsvolle Umgang mit Künstlicher Intelligenz von zentraler Bedeutung, andererseits dürfen Innovationen jedoch nicht durch Überbürokratisierung eingeschränkt werden.

Künstliche Intelligenz hat, wie gesagt, auch eine ethische Dimension, mithilfe derer unter anderem auch Diskriminierungen vermieden werden können. Algorithmen und Daten müssen in eine richtige Korrelation zueinander gebracht werden und dabei den ethischen Hintergrund berücksichtigen. Manche Unternehmen sind bereits mit der Entwicklung und Ausarbeitung eines ethischen Kodex befasst. Es gilt immer, Möglichkeiten und Grenzen der Künstlichen Intelligenz durch menschliche Lernprozesse zu verdeutlichen, wobei menschliche Intelligenz und Künstliche Intelligenz miteinander in Einklang zu bringen sind.

Eine besondere Stärke der Künstlichen Intelligenz innerhalb Deutschlands liegt, wie schon erwähnt, im industriellen Bereich. Hier sind viele Ausgangs- und Anknüpfungspunkte bereits gegeben. Große Datenmengen müssen verarbeitet werden und sich auf Anwendungsgebiete beziehen, in denen bereits viel Erfahrungswissen vorliegt.

\* \* \*

Der Einsatz von Algorithmen kann sehr schnell zu gesellschaftlicher Diskriminierung führen, nämlich dann, wenn die ethischen Implikationen nicht mit in Erwägung gezogen werden. Die neuen Möglichkeiten der Künstlichen Intelligenz können auf der einen Seite zwar sehr viele Prozesse erleichtern, zugleich aber auch ethische Prinzipien unterlaufen. Damit ist die Gefahr gegeben, bei falscher Anwendung enorme Schäden zu verursachen und ethische Probleme aufzuwerfen. Mittlerweile schreiben Technologieunternehmen ethische Richtlinien fest, um Diskriminierungen entgegenzuwirken und um nicht – ungewollt – falsche Entwicklungen und Tendenzen zu fördern. So spendete Facebook 6,5 Millionen US-Dollar an das Institut für Ethik in der Künstlichen Intelligenz der Technischen Universität München (TU München, 20. Januar 2019). Dies zeigt die Verantwortungsbereitschaft und zugleich die enorme Bedeutung ethischer Prinzipien im Technologiebereich.

Künstliche Intelligenz läuft Gefahr, auch die Vorurteile innerhalb einer Gesellschaft widerzuspiegeln. Denn solange nur die Datenanalyse im Vordergrund steht und etwaige Konsequenzen nicht ausreichend bedacht werden, können scheinbar richtige Ergebnisse erzielt werden, die bei näherem Hinsehen jedoch Vorurteile bestätigen und verfestigen. So können beispielsweise Kunden kategorisiert werden entsprechend des Kriteriums ihres pünktlichen Rechnungsausgleichs. Auch Gesichtsanalysen können Vorurteile zementieren – zuweilen mit der bitteren Konsequenz, unter Umständen den betreffenden Menschen keine Chancen mehr zu lassen. Einige Universitäten haben deshalb bereits Ethikvorlesungen für Informatikstudierende installiert, um das Bewusstsein für die Gefahren einer ethikfreien Datenanalyse zu schärfen. So können, hervorgerufen durch Algorithmen, beispielsweise psychologische Probleme bei Betroffenen entstehen, unter denen diese Personengruppen nachhaltig leiden. Oder es ist auch möglich, dass die Gewährung von Krediten durch falsche Algorithmen bestimmten Personengruppen vorenthalten wird und ihnen damit das Leben erheblich erschwert, während „geschicktere" Kunden durchaus wissen, wie sich solche Datenanalysen beeinflussen/manipulieren lassen.

So ist es nicht verwunderlich, dass immer mehr Technologieunternehmen die Gefahren und auch die Notwendigkeit erkennen, ethikfreie Algorithmen unter Umständen zu identifizieren, um entsprechende Gegenmaßnahmen einzuleiten. Dabei sollte der Abbau von Vorurteilen bei der Entwicklung von Algorithmen absolute Priorität haben. Eine reine Datenanalyse allein reicht nicht aus, um optimale Ergebnisse zu erzielen für die Steigerung unserer Lebensqualität, den Abbau von Vorurteilen und der Stärkung unserer Demokratie.

## 1.1 Möglichkeiten Künstlicher Intelligenz

Mittlerweile gibt es Schreib-Softwares, mit deren Hilfe sich ganze Artikel oder Bücher verfassen lassen. Damit einher geht allerdings die Vermutung, dass mittels solcher Softwares auch viele Fake News verbreitet werden. Die Informationsfülle führt ohnehin dazu, dass nicht wenige an die Grenze ihrer Überforderung gelangen und so intuitiv nur noch solchen Artikeln Glauben schenken, die sie zuerst lesen.

Eine häufige Anwendung bei den Schreib-Softwares sieht dabei folgendermaßen aus: Dem Computer müssen einige Sätze vorgegeben werden, die er dann auf beliebige Weise fortsetzen kann. Außerdem existieren mittlerweile auch Programme, die mit gewaltigen Textmengen aus dem Internet bespielt werden können. Hierzu gehören zum Beispiel die englischsprachigen Wikipedia-Texte. Die Künstliche Intelligenz ist dabei in der Lage, sehr rasch herausfinden, welche Wörter und Wortwendungen häufig aufeinanderfolgen, welche Texte in einem Zusammenhang stehen und einen logischen Sinn ergeben. Auch existiert mittlerweile ein enormes statistisches Wissen über Sprache. Auf dieser Grundlage lassen sich unkompliziert neue, sinnvolle Texte künstlich entwickeln, die von natürlich kreierten Texten immer schwieriger zu unterscheiden sind.

Die Künstliche Intelligenz macht es möglich, unbegrenzt Falschmeldungen zu konstruieren, wobei auch ganze Artikel extrem kostengünstig und schnell generiert werden können. Auch in Diskussionsforen können mithilfe der Künstlichen Intelligenz negative Informationen formuliert werden, die kein Leser mehr als solche durchschaut. Doch auch anspruchsvollere Texte sind mittels Künstlicher Intelligenz inzwischen problemlos fortzuschreiben, ohne dass dies seitens der Rezipienten überhaupt bemerkt würde. Vollends verwirrend und gefährlich, weil manipulativ, wird es auch immer dann, wenn „normale", also menschliche Kommentare in Diskussionsforen im Internet von künstlich gestreuten Kommentaren nicht mehr unterschieden werden können.

Und ein weiteres Problem ergibt sich daraus, dass auf uns inzwischen derart viele Informationen einströmen, dass wir nicht einmal mehr in der Lage sind, diese als richtig oder falsch einzuschätzen. Menschliches Verhalten lässt sich mithilfe der Künstlichen Intelligenz sehr leicht nachahmen. Sie ermöglicht es, Geschichten zu schreiben/zu erfinden oder auch Bilder zu entwerfen, die künstlerischen Produktionen ähnlich sind. Es gibt eine Vielzahl von Problemen, die sich durch Künstliche Intelligenz hervorrufen, also kreieren lassen. So können, um nur ein Beispiel zu nennen, fälschlicherweise angezeigte Verkehrsbehinderungen zu weitreichenden Irritationen im Straßenverkehr führen. Im Zusammenhang mit Künstlicher Intelligenz ist also immer das Verantwortungsbewusstsein der sie einsetzenden Experten gefragt. So und nur so gelingen kreative Lösungen, die uns Menschen ohne Verunsicherungen zurücklassen.

Mit der Unterstützung von Algorithmen werden bereits in verschiedenen Sektoren Entscheidungen getroffen, beispielsweise hinsichtlich der Kreditwürdigkeit von Kunden im Zusammenhang mit einer Bewerbung zum Vorstellungsgespräch oder bezüglich der Rückfallhäufigkeit von Straftätern. Natürlich kann Künstliche Intelligenz unsere komplexe Welt – in gegebenen Bereichen – besser verstehen und analysieren. Allerdings fließen zuvor in die Entwicklung der Algorithmen unweigerlich immer auch menschliche Vorstellungen mit ein, die entsprechende Vorurteile verstärken. Zwar lassen sich die Informationen mithilfe von IT- und KI-Daten selbstverständlich besser speichern, analysieren und kategorisieren, als dies dem Menschen möglich wäre – zumindest im Blick auf Datenmengen und Zeitfaktor. Die Spielregeln dafür aber – und das ist entscheidend – entwickelt immer der Mensch.

Man geht davon aus, dass Computer in jedem Falle rationaler und vorurteilsfreier entscheiden als der Mensch. Zugleich wird aber zunehmend bewusst, dass in die Algorithmen stets auch viele Vorteile einfließen, eben weil von Menschen entwickelt. Selbst wenn Computer wesentlich mehr Daten einbeziehen als der einzelne Mensch, können die Ergebnisse nicht vorurteilsfreier sein. Menschen entwickeln die Computerprogramme – und definieren somit, bewusst oder unbewusst, auch bestimmte Prioritäten.

Ein Beispiel: Um Menschen/Verbraucher/Kunden einschätzen zu können, gehen häufig in die Algorithmen auch Faktoren wie Wohnsituation, Bildungsstand, Familienverhältnisse und dergleichen ein. Bei der Vorhersage von Straftaten spielen solche Faktoren zuweilen ebenfalls eine nicht unwesentliche Rolle. Sie können zugleich aber auch ungerecht und diskriminierend sein. Durch Algorithmen kann es sogar geschehen, dass gewisse Vorurteile manchmal noch verstärkt werden und zu definitiv falschen Ergebnissen führen. Daher müssen algorithmische Entscheidungssysteme unbedingt transparenter werden, um immanente Fehler besser zu erkennen. Menschliche Maßstäbe dürfen keinesfalls verdrängt und auf der Strecke bleiben, besonders dann nicht, wenn scheinbar sachliche Entscheidungen durch Algorithmen getroffen und damit der Künstlichen Intelligenz überlassen werden.

*   *   *

In der Wissenschaft gibt es Stimmen, die einen negativen Einfluss der Künstlichen Intelligenz auf das menschliche Gehirn befürchten. Kann die Künstliche Intelligenz die menschlichen Entscheidungsmöglichkeiten außer Kraft setzen? Manche Überlegungen gehen sogar dahin, dem menschlichen Gehirn zur Erhöhung seiner Leistungsfähigkeit Implantate einzusetzen. Auch bemüht sich die Forschung bereits darum, Gehirnreaktionen zu durchschauen, zu erkennen und zu entschlüsseln, indem man den menschlichen Kopf einer Magnetresonanztomografie unterzieht, um dann allein Reaktionen durch gedankliche Veränderungen zu erfassen. Auch wenn sich Menschen lediglich bestimmte Bilder vorstellen, werden bestimmte Gehirnregionen aktiviert. Durchblutungsänderungen in den feinen Blutgefäßen des Gehirns können so auf gedankliche Veränderungen aufmerksam machen. Einschränkend ist natürlich sogleich hinzuzufügen, dass das Gehirn aus nicht weniger als 86 Milliarden Nervenzellen besteht, die sich nur schwerlich umfassend untersuchen lassen.

Viele Bemühungen zielen immer und immer wieder darauf ab, Schnittstellen zwischen dem menschlichen Gehirn und Rechnern zu finden. Im medizinischen Bereich wurden solche Experimente bereits des Öfteren unternommen. Spezielle Aktivitätsmuster der Hirnaktivität sollen Schlüsse zulassen, um auf dieser Grundlage gedankliche Muster zu erkennen. Manche Überlegungen gehen sogar dahin, mittels Hirnimplantaten Hirnoptimierungen zu erreichen, um neue Kommunikationsmöglichkeiten zwischen Menschen zu schaffen.

Unabhängig vom realen Leben kann ein Leben in der digitalen Welt entstehen. Mithilfe Künstlicher Intelligenz sind Gesichter inzwischen derart exakt reproduzierbar, dass sie extrem real erscheinen. Dreidimensionale Köpfe lassen eine neue Welt entstehen, die von der realen Welt nicht mehr unterscheidbar ist. Künstliche Intelligenz ermöglicht es virtuellen Menschen, Fragen exakt wie im wirklichen Leben zu beantworten und Gespräche zu führen, als seien sie tatsächlich real existent. So könnten wir uns dann – dies nur ein Beispiel – mit Menschen unterhalten, die gar nicht mehr leben. Unser Pietätsempfinden hält uns im Augenblick von der Umsetzung solcher Szenarien noch ab, obwohl derartige Situationen bereits konstruierbar wären. Vieles von dem, was in zukünftigen Generationen selbstverständlich werden und damit auch völlig neue Erlebnismöglichkeiten schaffen wird, können wir uns derzeit noch gar nicht vorstellen.

Mit Datenbrillen lässt sich die Realität zunehmend besser simulieren. Menschen aus verschiedenen geografischen Standorten können so problemlos in einem virtuellen Raum zusammengeführt werden. Mittels derartiger Brillen ist es möglich, eine virtuelle Realität zu schaffen oder auch die reale Umgebung dreidimensional mit einer virtuellen Umgebung zu kombinieren. Solche Technologien lassen sich dann beispielsweise in Trainings einsetzen, um etwa Schulungen an komplizierten Geräten vorzunehmen. Virtuelle Schulungen sind auf diese Weise, ebenso wie lebensechte Meetings, über Landesgrenzen hinweg durchführbar.

Ziel in diesem Zusammenhang ist es, die virtuelle Realität und die normale Realität immer mehr aneinander anzunähern. Im Zuge solcher Entwicklungen wird die Qualität der Datenbrillen ständig besser, die Realität wird zunehmend klarer und realistischer wiedergegeben, und zwar derart, dass die Sinneswahrnehmung kaum noch dazu in der Lage ist, die eigentliche Realität von der virtuellen Realität zu unterscheiden. Auf der einen Seite kann dies zu leichten Irritationen führen, auf der anderen Seite setzen Gewöhnungen ein, die die Vorteile der virtuellen Realität einordnen, strukturieren und auch akzeptieren. Die Wahrnehmung der Realität wird durch unsere Sinne geprägt. Erst die virtuelle Realität erlaubt es, unsere Sinneswahrnehmungen zu erweitern, viele neue Möglichkeiten der Realität zu entdecken und unser Bewusstsein zu vergrößern.

## 1.2 Künstliche Intelligenz und Superintelligenz

Ist es möglich, dass es eine Intelligenz gibt, die die menschliche Intelligenz weit übersteigt? Und könnte diese Superintelligenz den Menschen unmündig machen? Könnte sich die begrenzte menschliche Intelligenz eine Superintelligenz letztlich überhaupt vorstellen? Die „normale" Intelligenz unterliegt allein schon infolge von Emotionen starken Beeinflussungen. Auch Egoismen und Narzissmus können die Intelligenz spürbar einengen, da objektive Sichtweisen ausgeblendet werden. Und andersherum gefragt: Könnte die digitale Superintelligenz die normale menschliche Intelligenz vielleicht sogar positiv beeinflussen, ohne sie dabei zu manipulieren? Oder ist die menschliche Intelligenz möglicherweise auch nur ein bestimmter Schritt und Abschnitt im Laufe der Evolution hin auf eine höhere Intelligenz? Was passiert, wenn sich die menschliche Intelligenz mit der maschinellen Intelligenz verknüpft und sich gemeinsam auf neue Ebenen begibt? Die Verschmelzung von Mensch und Maschine wird jedenfalls immer wieder diskutiert, wobei noch völlig unklar ist, wer dabei wen beherrschen wird.

Nicht wenige befürchten eine übersteigerte maschinelle Intelligenz, die sogar zur Unmündigkeit des Menschen führen könnte. Aber andererseits: Ist es denkbar, dass Künstliche Intelligenz dem Menschen das Überleben auf seinem Planeten erst ermöglicht? Dies übersteigt, wie so viele andere Fragestellungen in diesem Zusammenhang auch, im Augenblick noch unsere Vorstellungskraft, doch gibt es schon durchaus Forscher und Wissenschaftler, die dies bereits vermuten.

Eine andere Facette im Zusammenhang mit Künstlicher Intelligenz kreist um die Frage, ob der Mensch durch sie nicht zunehmend verunsichert wird, ob sie ihm also das Zusammenleben eher erschwert als erleichtert. Was geschieht, wenn die menschliche Intelligenz immer weiter gesteigert wird? Ist dies der friedlichen Koexistenz eher förderlich oder wird der Manipulation, Manipulierbarkeit und Beeinflussbarkeit des Menschen sogar Vorschub geleistet? Bereits aktuell zeichnen sich die Gefahren einer missbräuchlichen Nutzung der Künstlichen Intelligenz in nicht unerheblichem Maße ab. Als ein Beispiel hierfür sei nur die Bereitstellung von Informationen genannt, die zuvor eine Manipulation durch Künstliche Intelligenz durchlaufen haben. Es gibt Wissenschaftler, die davon ausgehen, dass die Künstliche Intelligenz in der Lage ist, die kognitive Leistungsfähigkeit des Menschen in allen Bereichen zu übersteigen. Allerdings könnten wir ja durchaus auch eine Künstliche Intelligenz erschaffen, die unsere menschlichen Werte achtet und die Unabhängigkeit der Menschen mitberücksichtigt. Deutlich aber wird bei all solchen Überlegungen: Mittels Künstlicher Intelligenz wird das menschliche Leben möglicherweise auf der Grundlage von Algorithmen vollkommen beeinflussbar. Hat dann der Mensch überhaupt die Möglichkeit, der Künstlichen Intelligenz ihre Schranken aufzuzeigen – und wenn ja, um welche handelt es sich? Dies weitergedacht, müsste demzufolge eine ständige Kontrolle der Künstlichen Intelligenz durch den Menschen stattfinden. Überall dort, wo der Mensch seine Unabhängigkeit verliert, müsste Künstliche Intelligenz instrumentalisiert werden, die Lebensqualität des Menschen zu erhöhen. Das bedeutet, es könnten Algorithmen geschaffen werden, welche die Algorithmen selbst kontrollieren und beeinflussen.

Könnten selbst digitale Konzerne einen Kontrollverlust über ihre eigene Technik erleiden? Das Wissen wird immer umfangreicher und komplexer, irgendwann ist ein Stadium erreicht, in dem menschliche Intelligenz allein nicht mehr ausreicht, um den Überblick zu behalten. In diesem Zusammenhang existieren übrigens durchaus auch Überlegungen dazu, ob nicht die Menschheit durch Künstliche Intelligenz ausgelöscht werden könnte und Maschinen statt ihrer die Kontrolle übernehmen. Diese Überlegung erscheint heutzutage vielen als völlig absurd, könnte aber in der Zukunft durchaus eine neue Realität werden. Bereits der britische Wissenschaftler Stephen Hawking warnte vor dem drohenden Ende der Menschheit.

Ist dies lediglich eine düstere Prognose oder eine durchaus realistische Zukunftssicht? Die vielen radikalen Veränderungen in der Menschheitsgeschichte legen durchaus die Vermutung nahe, dass auch zukünftig ganz massive Einschnitte in der Menschheitsentwicklung stattfinden könnten, für deren Vorstellung uns derzeit noch jede Fantasie fehlt. Philosophen haben immer wieder darauf hingewiesen, dass die menschliche Intelligenz begrenzt und unser Erkenntnisvermögen der Realität stark beschränkt ist. Dies legt zumindest die Vermutung nahe, dass auf die Menschheit durchaus Veränderungen zukommen können, für die uns heute schlichtweg noch die Vorstellung fehlt.

Kann Künstliche Intelligenz uns vielleicht sogar dabei unterstützen, den Weltraum zu besiedeln? Dies ist im Augenblick noch unvorstellbar – genauso unvorstellbar, wie der jetzige Stand der Menschheitsgeschichte vor einigen Jahrhunderten noch unvorstellbar gewesen ist. Und da stellt sich noch eine Frage: Ist es vielleicht denkbar, dass sich digitale Systeme ebenso verhalten wie Lebewesen und damit also auch Gefahren darstellen, die für uns einfach noch nicht überschaubar sind? Wie sich der Mensch den Tieren gegenüber verhält, genauso könnte sich doch – hypothetisch – auch die Künstliche Intelligenz dem Menschen gegenüber verhalten!

Ist es einer künftigen Superintelligenz möglich, Allmacht auszuüben in dem Sinne, dass sie in der Lage ist, die Möglichkeiten des Menschen erheblich zu beschneiden? Gerät der Mensch womöglich durch Künstliche Intelligenz in eine derartige Hilflosigkeit, dass seine Unabhängigkeit und Authentizität in hohem Maße eingeschränkt wird? Ist Künstliche Intelligenz zudem in der Lage, eine Unmoral zu entwickeln, die sich ethischen Prinzipien entzieht? Die Gefahr einer undurchschaubaren Beeinflussung bzw. Beeinflussbarkeit könnte sich als das Hauptproblem herausstellen. Und Künstlicher Intelligenz in den „falschen Händen" wäre womöglich ausschließlich an der Beeinflussbarkeit, der Manipulation der Menschheit gelegen.

In der Geschichte gab und gibt es immer wieder Situationen, in denen eine kleine Gruppe von Menschen versuchte und versucht, auf eine Vielzahl von Menschen Einfluss auszuüben – und dabei auch häufig erfolgreich war und ist. Die Undurchschaubarkeit von Beeinflussungstaktiken und -strategien nimmt ständig zu, die Gefahr der Überforderung der menschlichen Intelligenz durch eine Superintelligenz ist nie ganz auszuschließen.

Bei all diesen Bedenken im Blick auf Künstliche Intelligenz wäre es aber auch denkbar, sich eine altruistische Superintelligenz vorzustellen, der daran gelegen ist, die Menschheit selbstlos zu unterstützen. Ein weiterer bedenkenswerter Aspekt ist, dass Künstliche Intelligenz den Menschen durchaus auch in stärkerem Umfang dabei dienlich sein könnte, sinnvollen Beschäftigungen und Betätigungen nachzugehen, statt ausschließlich das Glücksstreben in den Vordergrund zu stellen.

\* \* \*

Mithilfe der Künstlichen Intelligenz scheinen wir eine Vielzahl von Problemen besser lösen zu können und in den Griff zu bekommen. Zugleich aber wächst im digitalen Zeitalter das Gefühl, dass die Anzahl der Problemstellungen enorm zunimmt. Denn infolge der Informationsfülle, die uns inzwischen zur Verfügung steht, erhöht sich auch der Druck, mehr Situationen wahrzunehmen, die wir dann auch besser erkennen und lösen sollten. Neben der ständigen Hetze und dem Gehetztsein, dem wir ausgesetzt sind, erscheint den meisten Menschen unsere Umwelt inzwischen zunehmend komplexer und schwerer durchschaubar. In der Folge erleben wir dadurch unsere Umwelt als ständig anstrengender.

Künstliche Intelligenz greift immer stärker in unser Leben ein. So stellt sich unweigerlich das Gefühl ein, manipuliert zu werden. Zugleich sollten wir uns aber immer wieder vor Augen halten, dass das menschliche Gehirn wesentlich flexibler und plastischer ist als die Künstliche Intelligenz. Diese Vorteile gilt es, sich ständig erneut bewusst zu machen, auch wenn wir in Teilbereichen der Künstlichen Intelligenz unterlegen sind.

Die unglaublich vielfältigen Assoziationsmöglichkeiten des menschlichen Gehirns, die eine unvorstellbare und vielfältige Kreativität hervorbringen, lässt sich mittels Künstlicher Intelligenz nur schwerlich simulieren. Ein Hauptproblem des Menschen im Zusammenhang mit Künstlicher Intelligenz ist vielmehr die Gefahr der totalen Überwachung und des Verlusts der Selbstständigkeit. Insofern sollten rechtzeitig Regeln und Werte definiert werden, nach denen es Künstlicher Intelligenz gestattet ist, in unser Leben einzugreifen. Auf diese Weise lässt sich Künstliche Intelligenz nutzbringend und bereichernd einsetzen. Ethische Prinzipien sollten also bei der Nutzung Künstlicher Intelligenz im Vordergrund stehen und einen maßgeblichen Einfluss haben.

Doch auch ohne Künstliche Intelligenz sind wir bereits weniger selbstbestimmt, als wir gemeinhin glauben. Denn sehr häufig geht unser Gefühl dem Verstand voraus. Der Verstand versucht erst im Nachhinein, logische Argumente dafür zu finden, was unser Gefühl uns bereits vorgegeben hatte. Insbesondere die menschliche Freiheit wird durch die Künstliche Intelligenz immer mehr eingeengt. Wir bewegen uns dabei nämlich in einer völlig neuen Welt, die einen erheblichen Einfluss auf unser Leben ausübt und so die Entfaltungsmöglichkeiten des Menschen stark einengen kann.

Bereits die griechischen Philosophen gingen davon aus, dass Glück in einem erfüllten Leben liegt, welches geprägt ist durch Weisheit und Zufriedenheit. „Spaß haben" ist nicht der zentrale Punkt, vielmehr geht es darum, das Leben mit Sinn zu füllen. Dieser Aspekt ist ungleich wichtiger, weil erst dadurch eine tiefere Zufriedenheit erlangt wird.

Mit Künstlicher Intelligenz lässt sich ein sinnvolles Leben wahrscheinlich nur schwer erreichen, zumal Effizienz und Schnelligkeit nicht selten wenig Sinnbezug haben. Ein als sinnvoll empfundenes Leben muss nicht rasche, komplexe Lösungen anbieten, sondern vielmehr ein Gefühl entwickeln, das der eigenen Existenz einen Sinn gibt. Der Sinn kann in einer sozialen Tätigkeit liegen, sich auf die Beziehungsebene zu anderen Menschen richten oder die eigene Selbstentfaltung fördern, ohne hierbei die eigenen Grenzen zu übersehen.

Auch ethische Entscheidungen kann die Künstliche Intelligenz nicht problemlos bereitstellen. Vielmehr ist immer die gesamte menschliche Situation in den Blick zu nehmen, da moralische Entscheidungen von grundsätzlichen Lebenseinstellungen abhängen, die ein ausschließlich erfolgsorientierter Mensch häufig überhaupt nicht überschauen kann. Ja noch viel mehr: Intelligente Lösungen und ethische Entscheidungen können manchmal in Widerspruch zueinander geraten, die zu unauflösbaren Konflikten führen. Der Lebenssinn kann zuweilen auch durchaus irrational sein – und ist damit der Künstlichen Intelligenz überhaupt gar nicht zugänglich.

Persönliche Selbstbestimmung und Freiheit haben einen sehr hohen Wert – Werte, die durch Künstliche Intelligenz manchmal stark eingeengt und beeinträchtigt werden. Deshalb ist es so bedeutsam, Künstliche Intelligenz vor dem Hintergrund ethischer Vorstellungen zu beurteilen. Nur wenn der Mensch selbstbestimmt handelt, kann er eine sittliche Autonomie entwickeln.

Eine weitere Frage allerdings ist, ob Künstliche Intelligenz den Menschen dabei unterstützen kann, der absoluten Wahrheit näherzukommen oder das eigene Glücksstreben leichter gelingen zu lassen. Im digitalen Zeitalter sind die Möglichkeiten, selbst zu bewerten und zu entscheiden, stark eingeschränkt. Wir können uns zwar beliebige und beliebig viele Informationen problemlos beschaffen, wir sind aber nicht in der Lage, das Informationsangebot in seiner Gesamtheit zu übersehen oder einzuordnen, da unser Gehirn lediglich über eine begrenzte Kapazität verfügt. Im digitalen Zeitalter können wir also starken Beeinflussungen unterliegen, ohne dass wir dies in jeder Situation durchschauen. Die Leichtigkeit der Informationsbeschaffung kann uns rasch in der Illusion wiegen, objektive Ergebnisse zu erhalten. Wir wissen aber nicht, ob diese scheinbar objektiven Ergebnisse der Realität entsprechen und unserer Authentizität gerecht werden.

Freiheit, Unabhängigkeit und Selbstbestimmung werden infrage gestellt, ohne dass dies für uns immer so einfach durchschaubar ist. Damit schränken also digitale Faktoren die menschliche Freiheit ein, ohne dass wir dies überhaupt bemerken. Beschneiden beispielsweise Diktatoren unsere Freiheiten, ist dies schnell zu durchschauen, um dann – je nach Regime – möglicherweise dagegen anzugehen. Die unbemerkt digitalen Freiheitsbeschränkungen lassen sich jedoch nur verstandesmäßig voraussehen – was ein hohes Reflexionsvermögen voraussetzt. Auch ist es möglich, dass uns persönliche Freiheit vorgespiegelt wird durch das Angebot unendlich vieler Auswahlmöglichkeiten. Die wirklich entscheidende Alternative wird uns dabei aber möglicherweise vorenthalten bleiben, ohne dass wir dies überhaupt erfassen.

Jeder Mensch hinterlässt, auch ungewollt, bei jeder Internetrecherche Datenspuren im Netz. Diese Daten können seine Persönlichkeit beschreiben, können Aufschluss darüber geben, wie dieser Mensch am einfachsten zu beeinflussen ist, ohne es überhaupt zu bemerken. Und die Gefahr ist sehr groß, dass dahin gehende Beeinflussungsmöglichkeiten zunehmen. Grundsätzlich gedacht, müsste das Wissen mittels Datenanalyse einem jedem Menschen zugänglich sein und zugleich verständlich dargestellt werden, um überhaupt zu garantieren, dass ein jeder seine Eigenständigkeit behält. Ist diese Datenanalyse aber nicht mehr durchschaubar, wäre es eigentlich erforderlich, ethische Grenzen zu setzen, da die freie Persönlichkeit wichtiger ist als eine durch Informationsfülle scheinbar wissende Persönlichkeit. Das menschliche Gehirn ist in seiner Informationsaufnahme begrenzt und insofern auch vor Informationsmanipulation zu schützen.

Mit dem Sammeln von Daten lassen sich Produkte zielgerichtet verkaufen, Gewinne sind entsprechend steigerbar. Interessiert man sich beispielsweise für bestimmte Bücher, erhält man automatisch Buchvorschläge zu ähnlichen Themenbereichen. Und auch dem, der bestimmte technische Geräte erwirbt, werden in der Folge ähnliche Geräte offeriert.

Kommerzielle Datensammler sind schwer zu durchschauen, da sie Algorithmen einsetzen, die einen hohen Komplexitätsgrad aufweisen. Was mit unseren Daten geschieht, können wir nur schwer nachvollziehen. Natürlich hat das Ganze auch eine positive Seite, da wir auf diese Weise Angebote und Informationen erhalten, die unseren Interessengebieten entsprechen. Auf der anderen Seite sind wir aber auch viel leichter manipulierbar, da es einfacher ist, jemanden zu beeinflussen, über den man viel weiß. Die Problematik dieses Dilemmas besteht darin, dass wir auf der einen Seite selbstbestimmt handeln wollen, uns auf der anderen Seite aber zugleich freuen, wenn jemand unseren Interessen entgegenkommt. Es müsste also Möglichkeiten geben, die Analyse unserer Daten transparenter und nachvollziehbarer zu machen. Zudem müssten wir einen größeren Einfluss darauf haben, was im Einzelnen mit unseren Daten geschieht und wie sie weiterverwendet werden dürfen.

Autonomie und Selbstbestimmung des Einzelnen sollten auf jeden Fall unverrückbare zentrale Werte sein, um die persönliche Lebensqualität zu erhöhen. Den materiellen Interessen von Wirtschaftsunternehmen sollten hier Grenzen gesetzt werden. Vielmehr sollte die gesamtgesellschaftliche Lebensqualität im Zentrum stehen.

Es gibt mittlerweile auch Kameras, die in der Lage sind, jede körperliche Reaktion des Kunden zu analysieren und somit das Warenangebot entsprechend zu modifizieren. Hier stellt sich die Frage: Wird dabei nicht auch die Autonomie der Kunden beeinflusst, seine Entscheidungsfähigkeit manipuliert? Überwachungskameras und Algorithmen der Künstlichen Intelligenz können das Kundenverhalten zunehmend einfacher und exakter vorhersagen, einer Einflussnahme auf den Verbraucher steht somit nichts mehr im Wege. Dass die menschliche Freiheit und Autonomie durch derartige Manipulationsmöglichkeiten der Künstlichen Intelligenz immer mehr eingeengt, liegt auf der Hand. Die Entscheidungsfreiheit des Einzelnen nimmt ab, da die Beeinflussungsmöglichkeiten zunehmend undurchschaubarer werden. So werden unsere Arbeitswelt wie auch unsere persönliche Umgebung stärker kontrolliert und beeinflussbar. Unmerklich verlieren wir einen Teil unserer Autonomie und Selbstbestimmung.

Einerseits ermöglichen uns Algorithmen, immer mehr über unsere Welt zu erfahren. Die Komplexität der Informationen kann uns aber gleichzeitig sehr schnell überfordern und unzufrieden machen. Auch sind wir aufgrund der Undurchschaubarkeit von Komplexitäten zunehmend weniger in der Lage, Einfluss auf unsere Umgebung und Umwelt zu nehmen. Die Realität mögen wir zwar relativ exakt erfassen, unsere Intelligenzleistung reicht jedoch häufig nicht aus, um alle Prozesse und Interdependenzen zu durchschauen. Auch unsere Risikointelligenz (Gigerenzer & Kober, 2020) sollten wir weiterentwickeln, um Entscheidungen optimal treffen zu können. Ein Restrisiko bleibt immer. Diese Einsicht führt manchmal zu den besten Entscheidungen.

Und mit diesen Überlegungen sind wir auch sehr schnell wieder bei der Erkenntnis, die uns die Philosophie seit Jahrtausenden zu vermitteln sucht: nämlich, dass wir nur einen kleinen Ausschnitt der Realität erfassen können. Durch die Vielzahl von Informationen wird unsere Welt immer komplexer und zugleich immer weniger steuerbar.

## Literatur

Gigerenzer, G., & Kober, H. (2020). *Risiko: Wie man die richtigen Entscheidungen trifft*. Pantheon.

TU München. (2019). Neues Forschungsinstitut für Ethik in der Künstlichen Intelligenz (20. Januar 2019). *PM* vom 20.01.2019. https://www.tum.de/die-tum/aktuelles/pressemitteilungen/detail/35188. Zugegriffen am 04.01.2022.

# 2

# Künstliche Intelligenz und Ethik

Menschliche Entscheidungen werden immer mehr von Algorithmen und Digitalisierung beeinflusst und dominiert. Diese beeinträchtigen die Souveränität, Willensfreiheit und Authentizität des Menschen gleichermaßen. Zentral ist dabei die Frage nach den Werten im digitalen Zeitalter. Können digitale Medien die Werte der Menschen in negativer Hinsicht beeinflussen? Wird in die Autonomie der Menschen zu stark eingegriffen? Sollten wir nicht vielmehr Werte definieren, auf die sich Künstliche Intelligenz beziehen muss? Eine zu große Einflussnahme von Algorithmen wird unsere Freiheit und unsere Wertvorstellungen unweigerlich einschränken.

Die Würde und Autonomie eines jeden Menschen müssen garantiert sein, ohne dass ungewollte Einflüsse ausgeübt werden. Selbstlernende, voll automatisierte Systeme können die menschliche Natur infrage stellen – und sie auf einem falschen Weg beeinflussen. Der Mensch geht in der Regel davon aus, dass er vernünftig und selbstbestimmt ist, seine Beeinflussbarkeit wird in zahlreichen Untersuchungen aber immer wieder aufs Neue deutlich. Und nicht selten gehen dem Verstand auch Gefühle voraus, sodass wir scheinbar rationale Entscheidungen emotional begründen.

A. Kitzmann, *Künstliche Intelligenz*, https://doi.org/10.1007/978-3-658-37700-7_2

Ist es vorstellbar, dass die Künstliche Intelligenz zukünftig jeglicher menschlichen Intelligenz überlegen sein könnte? Zwar hat es technische Innovationen in der Menschheitsgeschichte immer gegeben, die Schnelligkeit aber, mit der diese Innovationen derzeit vonstattengehen, hat es in dem Ausmaß zuvor noch nie gegeben. Ackerbau und Industrialisierung haben das menschliche Leben enorm verändert. Die Digitalisierung, die wir im Augenblick erleben, beschleunigt die Entwicklung aber dermaßen stark, dass sich dies kaum mit früheren Entwicklungen vergleichen lässt.

Insbesondere die Fähigkeiten der digitalen Systeme, die selbstlernend sind, ermöglichen eine radikale Veränderung. Mittlerweile ist es möglich, mithilfe digitaler Systeme Musik zu komponieren, Texte zu verfassen und selbstfahrende Autos herzustellen. In jüngster Zeit beschäftigt sich Künstliche Intelligenz insbesondere mit biologischen Systemen. Ziel dabei ist es, das menschliche Gehirn zu simulieren, um Kreativität zu generieren und neue Möglichkeiten zu erforschen. Bei der Datenverarbeitung, beim Schachspiel beispielsweise und bei Gedächtnisleistungen, sind digitale Systeme dem menschlichen Gehirn inzwischen weit überlegen. Allerdings handelt es sich dabei immer um Spezialisierungen, bei denen andere intellektuelle Leistungen nicht möglich sind. Das menschliche Gehirn hingegen ist sehr rasch in der Lage, umzuschalten und sich in ganz unterschiedlichen intellektuellen Bereichen zu bewegen.

Allerdings gehen Wissenschaftler davon aus, dass Künstliche Intelligenz innerhalb der nächsten dreißig bis fünfzig Jahre so weit entwickelt sein könnte, dass sie der menschlichen Intelligenz auf allen Gebieten voraus ist. Vorstellbar ist vielleicht auch der Nachbau eines menschlichen Gehirns. Davon sind wir bisher allerdings noch sehr weit entfernt.

Die Denkprozesse des menschlichen Gehirns sollen auf die Künstliche Intelligenz übertragen werden. Ob dies tatsächlich möglich ist, daran bestehen zurzeit allerdings noch erhebliche Zweifel. Alle Eventualitäten des echten, realen Lebens lassen sich bisher noch kaum mittels Künstlicher Intelligenz simulieren. Die Funktion der menschlichen Gehirnzellen müsste künstlich wiederholt werden, eine momentan noch nicht vorstellbare Vision.

Bei der Weiterentwicklung der Künstlichen Intelligenz ist vor allem immer wesentlich, dass sich auf diesem Sektor forschende Wissenschaftskreise von der übrigen Welt und dem Internet nicht völlig entkoppeln. Dann nämlich wäre der Einfluss der neuen Entwicklungen undurchschaubar und nicht mehr nachvollziehbar. Solche Gegebenheiten könnten sich beispielsweise negativ auf demokratische Systeme auswirken, was es unbedingt zu verhindern gilt. Ebenso gefährlich wäre auch der Einsatz der Künstlichen Intelligenz bei Waffensystemen. In den falschen Händen, wären diese Systeme für die Menschheit mit fatalen Folgen verknüpft. Gleiches gilt auch für den Fall, dass sich Künstliche Intelligenz in einer Weise entwickelt, die sich mithilfe menschlicher Intelligenz nicht mehr kontrollieren ließe.

Insofern ist auf jeden Fall eine unabdingbare Maxime bei der Weiterentwicklung, darauf zu achten, dass der Künstlichen Intelligenz menschliche Werte einprogrammiert werden. Nur so kann sie im Sinne gesamtgesellschaftlicher Entwicklungen positiv wirken. Und eine weitere Hypothese wäre denkbar: nämlich, dass Künstliche Intelligenz sich derart entwickelt, dass sie über kurz oder lang sämtliche menschliche Arbeit übernähme, der Mensch mithin in die Situation käme, überhaupt nicht mehr arbeiten zu müssen. Dies allerdings würde den Menschen gravierend mit der Sinnfrage konfrontieren.

\* \* \*

Die Vereinigten Staaten von Amerika und China sind führend im Bereich der Künstlichen Intelligenz. Es gibt Wissenschaftler, die bereits davon ausgehen, dass China gegenüber der restlichen Welt bereits einen sehr starken Vorsprung hat.

China ist intensiv damit beschäftigt, seine Wirtschaft innovativer zu machen – und damit auch Künstliche Intelligenz in allen Bereichen einzusetzen. Man kann auch von einem Technologiewettlauf zwischen den Vereinigten Staaten und China ausgehen. Noch sind amerikanische Konzerne im weltweiten Wettlauf führend, doch gibt es bereits eine ganze Reihe von Herausforderungen, die von China ausgehen. Wie dem auch sei: Jedenfalls wird Künstliche Intelligenz bei der vierten industriellen Revolution eine ganz zentrale Rolle spielen. Und China strebt in diesem

Bereich an, weltweit führend zu sein. Künstliche Intelligenz wird dabei als der zentrale Bereich aller neuen Technologien überhaupt verstanden.

Es gibt auch Stimmen in der Wissenschaft, die die Grundlagen der Künstlichen Intelligenz infrage stellen. Hierzu gehört Roger Penrose, ein britischer Physiker und Nobelpreisträger (Penrose, 2004). Penrose beschäftigt sich mit dem menschlichen Bewusstsein aus Sicht des Physikers. Er geht davon aus, dass der Mensch in seinem Denken nicht allein den bekannten Naturgesetzen unterworfen ist. Das Bewusstsein sieht er nicht als bloße Begleiterscheinung von nervlichen Verknüpfungen. Synapsen und Neuronen können das Geheimnis des Bewusstseins nicht allein aufspüren. Widersprüche in der Mathematik und Physik führen ihn dazu, auf das Geheimnis des Bewusstseins hinzuweisen. Menschliche Kreativität und Intuition, so Penrose, lassen sich nicht allein durch Neuronenaktivitäten erklären.

Bisher bekannte Naturgesetze reichen nicht aus, um das menschliche Bewusstsein allein zu erklären. Penrose stellt eine geniale Verknüpfung zwischen schwarzen Löchern der Physik und dem menschlichen Bewusstsein her. Er geht davon aus, dass es eine umfassende Systemerklärung unserer Welt geben müsste. Ihm zufolge bedarf es einer einzigen vereinten Theorie, mithilfe derer sich alle Phänomene der Natur erklären lassen könnten.

Probleme des Bewusstseins, so Penrose, müssten sich gemeinsam mit physikalischen Erklärungen lösen lassen. Und er geht noch weiter: Er stellt sogar die Theorie des einmaligen Urknalls infrage, indem er unterstellt, dass unser Kosmos in einer zyklischen Abfolge immer wieder neu entsteht. Das menschliche Bewusstsein und die Künstliche Intelligenz sind für ihn Begleiterscheinungen größerer, noch völlig ungeklärter Zusammenhänge.

Künstliche Intelligenz wird in fast allen Bereichen eingesetzt: in der Industrie, zum Beispiel bei der Autoproduktion, in der Medizin, etwa bei der Diagnose von Tumorerkrankungen, an der Börse, wo sich Entwicklungen bedingt vorhersehen lassen. Die Wissenschaft geht davon aus, dass mindestens 15 Prozent der Arbeitsplätze eines Unternehmens von der völligen Umgestaltung durch Künstliche Intelligenz jetzt schon betroffen sind, in Industrie und im Dienstleistungsbereich gleichermaßen.

Selbstlernende Systeme verändern unsere Arbeitswelt in ungeahnter Weise. Daten bilden das Fundament Künstlicher Intelligenz, sodann ihre Auswertung und das Erkennen von Mustern. Auf dieser Grundlage werden Algorithmen generiert, die es ermöglichen, immer größere Datensysteme zu analysieren. Buchdruck und Elektrizität haben in der Vergangenheit jeweils enorme Veränderungen ausgelöst, die Künstliche Intelligenz hingegen stellt eine Entwicklungsstufe dar, die noch ungleich erheblichere Auswirkungen haben wird. Die Entwicklung der Künstlichen Intelligenz wird von vielen als revolutionär bezeichnet, verändert sie doch unser Arbeitsleben und auch unser privates Leben in enormem Maße – und wird dies zunehmend und noch rasanter weiterhin tun.

Als positive Seiten der Künstlichen Intelligenz wird genannt, dass der Mensch von lästigen Tätigkeiten befreit wird. Ferner wird die umfassende und rasche Datenzusammenführung aus verschiedenen Quellen und deren Analyse ins Feld geführt. Auch lassen sich mithilfe Künstlicher Intelligenz unsere Sinnesorgane teilweise ersetzen, das Hören und Sehen kann analysiert werden, Roboter sind in der Lage, mit uns zu kommunizieren und in Lernprozesse eingebunden zu werden. Insbesondere in der Sensor- und Prozessortechnik hat die Künstliche Intelligenz große Fortschritte erzielt. Zugleich aber ist Künstliche Intelligenz der natürlichen Intelligenz in verschiedenen Bereichen klar unterlegen.

Das menschliche Gehirn ist nach wie vor ein Wunderwerk der Natur, dass durch Künstliche Intelligenz nur teilweise ersetzt werden kann. Dennoch erlaubt es uns die Künstlichen Intelligenz, durch sie viel Zeit und Ressourcen zu sparen. Allein das Zusammensuchen von Daten nimmt häufig viel Zeit und Energie in Anspruch. Die Künstliche Intelligenz kann uns hierbei enorm unterstützen und unser Arbeiten effektiver gestalten. Text Mining gestattet die Analyse umfangreicher Daten und Extrahierung von relevanten Informationen und Reports können unabhängig von Menschen verfasst werden.

Tausende von Seiten umfassende Texte lassen sich analysieren und mithilfe von Algorithmen systematisch strukturieren. Damit verbunden ist für den Menschen eine immense Zeitersparnis, die Freiheiten für übergeordnete Analysen ermöglicht. Künstliche Intelligenz wird nicht ohne Grund immer und immer wieder als eine Schlüsseltechnologie unseres Jahrhunderts bezeichnet. Das Herauslesen und Erfassen von

Mustern auch aus einer enormen Datenfülle bringt riesige wirtschaftliche Vorteile für all diejenigen mit sich, die imstande sind, sich dieser Technologien zu bedienen. Als Beispiel seien nur der Werbe- und Marketingsektor sowie die effiziente Analyse von Textinformationen genannt.

## Literatur

Penrose, R. (2004). *Der Weg zur Wirklichkeit.* Spectrum.

# 3

# Künstliche Intelligenz und Philosophie

Die Philosophie öffnet den menschlichen Horizont weit über den Alltag hinaus. Auch die Künstliche Intelligenz kann das Bewusstsein übersteigen und völlig neue Bereiche der Realität erkunden. Gleichwohl lässt sich die wunderbare Ordnung der Natur auch mittels Künstlicher Intelligenz bisher nur ansatzweise erkennen. Wir sind von weitgehend noch unbekannten Kräften umgeben, die in allen Naturerscheinungen wirken und den beständigen Fortschritt der Naturgeschichte verursachen. Diese Kräfte wirken über die individuelle Erscheinung des einzelnen Menschen hinaus. Der Philosoph Johann Gottfried Herder hat dies besonders nachdrücklich in seiner Abhandlung Ideen zur Philosophie der Geschichte der Menschheit beschrieben (Herder, 1966). Darin geht er auf die Begrenztheit des menschlichen Bewusstseins ein, glaubt zugleich aber auch an die enormen Möglichkeiten seiner Weiterentwicklung. Herder sieht den Menschen als Übergang und Zwischenstadium auf dem Weg zu noch vollkommeneren und uns völlig unbekannten Geschöpfen. Mag sein, dass die Künstliche Intelligenz im großen philosophischen Zusammenhang dabei einen kleinen Zwischenschritt in der Weiterentwicklung darstellt.

In der Geistesgeschichte Europas bezeichnet die Aufklärung eine wichtige Entwicklungsstufe bei der Loslösung vom Irrationalismus hin zur

A. Kitzmann, *Künstliche Intelligenz*, https://doi.org/10.1007/978-3-658-37700-7_3

intensiveren Auseinandersetzung mit den Möglichkeiten der Vernunft und der Naturwissenschaften. Im Rahmen der Philosophiegeschichte lässt sich Künstliche Intelligenz insofern auch als ein Zwischenschritt deuten auf dem Weg des Menschen hin zur Steigerung seines Erkenntnisvermögens.

Zwar existieren über den Anfang der Erde hinreichend viele Theorien und Erklärungen, die Weiterentwicklung der Menschheit kann indes aber lediglich aus Vermutungen bestehen, da sich das Leben auf unserem Planeten nur in kurzen Zeitspannen vorhersehen lässt. Mithilfe der Künstlichen Intelligenz können wir unser Sonnensystem ebenso wenig erklären wie die weit in die Zukunft hineinreichende Weiterentwicklung der Menschheit. Das Leben auf der Erde hat sich in einer stufenweisen Höherentwicklung vollzogen. Dabei bilden Herder zufolge Sprache, Religion und Recht wesentliche Entwicklungsstufen des Menschen. Herder begriff den Menschen stets auch als Zwischenstufe in einer umfassenden Entwicklung. Welche Fähigkeiten und Eigenschaften der Mensch allerdings weiterentwickeln könne, sah er als völlig unentschieden an. In all diesen Unwägbarkeiten erkannte Herder in der Humanität die edelste Eigenschaft des Menschen überhaupt. Dabei haben grausame Kriegsauseinandersetzungen aber immer wieder gezeigt, dass der Mensch seine edelsten Eigenschaften vergisst und sein Handeln falschen Ideologien und Vorstellungen unterwirft. Mächtige Herrscher haben durch die Jahrhunderte hindurch mithilfe von Ideologien und Religionen immer wieder intensiven Einfluss ausgeübt und Menschen zu grausamsten Handlungen fehlgeleitet.

Auch Künstliche Intelligenz kann neue Dimensionen und Machtfülle entwickeln – und Menschen auf alle möglichen Weisen und in alle möglichen Richtungen hin beeinflussen. Die Machthebel der Künstlichen Intelligenz lassen sich ebenso missbrauchen wie die Ideologien im Verlauf der Geschichte.

Für Herder entwickeln sich die Möglichkeiten der Menschheit beständig weiter. Sind sie, so fragt er, aber Ausdruck einer uns noch weitgehend unbekannten Kraft in der Natur? Diese Kraft wirkt in allen Menschen. Sie führt zu beständigem Fortschritt der Naturgeschichte, sie kann aber auch zu Fehlentwicklungen führen. Insofern kann sich der Mensch, wie Herder meint, zu einem uns bisher noch völlig unbekannten Geschöpf entwickeln, wobei Künstliche Intelligenz – möglicherweise – einen Teilschritt innerhalb dieser nicht antizipierbaren Möglichkeiten darstellt. Die Philosophie im 18. Jahrhundert beschreibt uns in Gestalt von Herder bereits zu diesem frühen Zeitpunkt die Entwicklungsmöglichkeiten, die – eventuell – auf uns zukommen.

\* \* \*

Die Philosophie betrachtet sich selbst bei der Selbstbetrachtung. Auf diese Weise eröffnet sich eine weitere Ebene der Erkenntnismöglichkeiten, weil wir uns von außen her beobachten können. Nicht zu Unrecht hat die Philosophie immer wieder auch infrage gestellt, ob es so etwas wie eine objektive Wahrheit überhaupt gibt. Reicht der menschliche Verstand aus, um sich selbst und die Umwelt objektiv einzuschätzen? Alles was wir wahrnehmen und was wir Wirklichkeit nennen, ist im Grunde genommen nur eine Vorstellung der Wirklichkeit. Zudem ist unsere Realitätswahrnehmung auch stark durch unser soziales Umfeld geprägt. Wir reflektieren die Ansichten der Menschen, die uns umgeben. Sind uns diese Menschen sympathisch, neigen wir eher dazu, uns deren Auffassungen zu eigen zu machen. Auch vergleichen wir unsere aktuelle Vorstellung dazu mit unseren zurückliegenden Vorstellungen. Wenn diese übereinstimmen, sind wir eher geneigt, diese für real zu halten.

Wahrheit, Freiheit und Gleichheit – dies sind zentrale Fragen, um die die Philosophie kreist. Immer wenn wir neue Möglichkeiten entdecken, gewinnen wir den Eindruck, die Wirklichkeit erkannt zu haben. Es übersteigt dann meist unser Vorstellungsvermögen, dass es auch zukünftig Entwicklungen geben könnte, die weit über das hinausgehen, was aktueller Wissens-/Erkenntnisstand ist. Und so können wir auch bei der Künstlichen Intelligenz unterstellen, dass sie noch wesentliche Weiterentwicklungen bereithält, die unser Vorstellungsvermögen derzeit noch schlichtweg übersteigen. Es gilt, die eigenen Gedanken immer wieder in neue Bahnen zu lenken, um so beständig Alternativen zu bestehenden Erkenntnissen zu entwickeln.

Die Selbsterkenntnis war und ist in der Philosophie immer wieder ein Ausgangspunkt, um neue Aspekte der Realität zu erkennen. Von Jean-

Jacques Rousseau (1712–1778) stammt der berühmte Satz: „Der Mensch ist frei geboren und überall liegt er in Ketten." (Rousseau, 2012) hat sich intensiv mit dem Freiheitsbegriff auseinandergesetzt und ihn als ein wesentliches Element des Menschseins gesehen. Dieser Aspekt, auf uns Heutige übertragen, bedeutet: Auch moderne digitale Technologien schränken die Freiheit des Menschen ein, da sie Informationen über Menschen sammeln, mit denen sie manipuliert werden können. Insofern ist dies nicht anderes als die Beschränkung menschlicher Freiheit, ohne dass dies von den Meisten überhaupt durchschaut würde. Natürlich wird unsere Freiheit auch eingeschränkt durch Erziehung, durch moralische Gebote, Gewohnheiten und Erbgut. Doch je mehr uns dies bewusst wird, desto wirksamer können wir unsere ethischen Prinzipien einsetzen, um zum Wohle der Gemeinschaft beizutragen. Wenn wir aber gar nicht realisieren, wann und wo unsere Freiheiten eingeschränkt werden, eben wie etwa auch bei der Digitalisierung, sind wir sehr rasch gefährdet, einen Teil unserer Autonomie zu verlieren und unseren Entwicklungsprozess zu behindern. Die Freiheit des Menschen war und ist eine hochaktuelle Frage der Philosophie, die Einfluss auf unser Leben hat.

Unternehmen können über Datenanalyse völlig neue Geschäftsmodelle entwickeln. Daten und Wissen stellen im 21. Jahrhundert den wichtigsten Rohstoff überhaupt dar. So lässt sich mit der Datenanalyse über am Straßenverkehr teilnehmenden Autos unter Umständen mehr Geld verdienen als durch den Verkauf der Autos selbst. Dies zeigt einmal mehr nachdrücklich die Bedeutung der Datenanalyse. Mittels Künstlicher Intelligenz lässt sich eine intensive Datenanalyse vornehmen, die zu völlig neuen Geschäftsmodellen führt, da vollständig neues Wissen generiert wird, das ein Unternehmen in seiner Entwicklung rasch voranbringen kann. Auch die Schnelligkeit der Datenanalyse ist von großer Bedeutung, ist es dadurch doch möglich, zeitnah konkurrenzfähige neue Produkte zu entwickeln.

Es ist davon auszugehen, dass es eine immer effizientere Vernetzung zwischen Mensch und Computer geben wird. Computer sind zudem zunehmend besser imstande, die menschliche Leistung zu erfassen. Zugleich aber tragen sie dazu bei, vielen zu mehr Freude und Erfolg bei der Verrichtung ihrer Arbeit zu verhelfen, da ihnen Arbeit abgenommen wird. Daher sollte sich der Mensch eine Art gegensätzlichen Denkens bewahren, da nur dies allein Kreativität und neue Lösungsansätze gewähr-leistet. Allerdings nimmt die „Messwut" immer mehr zu. Jeder Schritt, jedes Verhalten eines Kunden beispielsweise wird zusehends exakter erfasst. So ziemlich alles wird inzwischen gemessen, was jedoch in der Folge keineswegs immer originelle Lösungen befördert und optimale Ergebnisse nach sich zieht. Denn viele Messsysteme gehen schlichtweg von der Gleichheit der Menschen aus, ohne zu bedenken, dass es durchaus sehr unterschiedliche Menschentypen gibt. Und diese lassen sich eben nicht so einfach mit den gleichen Rastern erfassen.

Der Psychologe Carl Gustav Jung (1875–1961) hat eine Typologie von Menschen mit unterschiedlichen Eigenschaften entwickelt (Jung, 1958). Gleiche Mess- und Erfassungssysteme können demnach nicht immer mit exakten Daten verschiedene Menschentypen erkennen. So befinden sich beispielsweise erfolgreiche Menschen nachweislich in einem lebenslangen Lernprozess und eignen sich ständig neue Fähigkeiten an. Selbst bei einer sehr exakten Datenanalyse können solche Menschen nicht adäquat beurteilt werden, da sie unablässig neue Aspekte aufweisen.

\*   \*   \*

Sören Kierkegaard (1813–1855) gilt als der Begründer der Existenz-philosophie (Kierkegaard, 2021). Er geht von zwei Lebensweisen aus: der ästhetischen und der ethischen. Der Ästhetiker genießt das Leben und wünscht sich ein immerwährendes Glück. Die ethische Existenz stellt im Gegensatz dazu eine höhere Daseinsform dar, die durch Reflexion erworben wird. Nur die ethische Existenz ermöglicht es, in einer Gemeinschaft zu leben und zugleich die eigenen sozialen Absichten zu verwirklichen. Der Ethiker verzichtet keineswegs auf den Genuss, behält daneben aber immer auch die Bedürfnisse der Gemeinschaft im Blick.

Die Wurzel allen Übels ist die Langeweile, mit der viele Menschen konfrontiert sind. Ein sinnvolles Leben lässt sich nur führen, wenn sich die Lebensverhältnisse beständig verändern, wobei der Wechsel auch bestimmt werden kann durch die Kraft der Willkür, die immer wieder neue Möglichkeiten eröffnet. Für Kierkegaard besteht die optimale Lebensform in einem Gleichgewicht zwischen dem Ästhetischen und dem Ethischen, zwischen der sinnlichen Befriedigung und dem reflektierenden Sein, das versucht, dem eigenen Leben einen ethischen Sinn zu geben.

Wesentlich für Kierkegaard ist das Prinzip des Lebens in Freiheit. Es verbietet sich, Leben fremdem Zwang zu unterwerfen, da dies die Lebensqualität beeinträchtigt. Der persönlichen Freiheit kommt demnach oberste Priorität zu, da nur dann ein selbstbestimmtes und befriedigendes Leben möglich ist. Die ethische Lebensweise ist für ihn absolut unabdingbar, um im Leben Sinn zu finden. Reflektiert man solche Anschauungen im Kontext der Künstlichen Intelligenz, ist festzustellen, dass dem Prinzip der Freiheit und der ethischen Einstellung im digitalen Zeitalter ein noch höherer Stellenwert eingeräumt werden muss. Denn klar ist: Ein Teil der Freiheit geht dem Menschen durch die Digitalisierung verloren, da nicht mehr alles für ihn nachvollziehbar ist, was mit ihm und seinen Daten geschieht. Aber auch ethischen Prinzipien muss im Zeitalter der Digitalisierung eine hohe Priorität zugestanden werden, da nur dann die Lebensqualität jedes Einzelnen gewährleistet ist. Kierkegaard kann mit seinen Überlegungen zu Freiheit und Ethik des Menschen auch im Zusammenhang mit Fragen der Digitalisierung wichtige und bedenkenswerte Impulse bei der Weiterentwicklung dieser Technologie geben.

Die Philosophie versucht unter anderem, der Urzeit der Menschheit nachzuspüren. Die Jahrtausende vor den ersten schriftlichen Zeugnissen sind nur schwer vorstellbar. Der Philosoph Giambattista Vico (1668–1744), ein italienischer Rechts- und Geschichtsphilosoph, war einer der ersten, der es unternahm, die Entwicklung der Menschheit in großen Zusammenhängen darzustellen (Vico, 2017).

Ausgangspunkt bei vielen Völkern bilden dabei die Religion und die Vorstellungen über die Götter. Vico arbeitet als ein Ergebnis seiner Forschungen heraus, dass sich die Entwicklung der Völker und Gesellschaften nach ähnlichen Mustern vollzog: Aus heidnischer ‚Wildheit‘ entstand nach und nach eine religiöse, geläuterte Humanität. In fast allen Völkern entwickelten sich Religion, Ehe und das Begräbnis der Toten. Hierin zeigt sich die Gemeinsamkeit der Evolution in unterschiedlichen Ethnien. Bemerkenswert dabei ist: Obwohl sich die Entwicklung der Völker völlig unabhängig voneinander vollzog, lassen sich dennoch immer wieder ähnliche Entwicklungsmuster erkennen.

Gesellschaften sind stets von Neuem bestrebt, eine wie auch immer geartete gerechte Ordnung in der Gemeinschaft herzustellen. Folgt man Vico, so kann das Unbekannte immer nur in Ähnlichkeit zum bereits Bekannten dargestellt werden. Bei fast allen Völkern entwickelten sich im Ursprung Religionen. Auch die menschliche Natur verändert sich ständig und bringt neue Entwicklungen hervor.

Nach Aristoteles (384–322 v. Chr.) handelt alle Wissenschaft vom Ewigen und Allgemeinen (Aristoteles, 1991). Allerdings ist es dem Menschen beschieden, immer nur einen kleinen Teil dessen zu erkennen. Die Weisheiten der frühen Menschheitsentwicklung spiegeln sich in Mythen und Theologie wider. Kultur wird dabei definiert als alles, was der Mensch selbst schafft; die Erkennbarkeit der Natur indes kann der Mensch nur schrittweise vorantreiben. Die Ethik als Ausformung der Menschlichkeit muss, so Aristoteles, in allen Entwicklungen stets oberstes Ziel sein. Übertriebener Skeptizismus und Hedonismus verleiten zu Tugendlosigkeit und schaden daher der menschlichen Entwicklung.

Angesichts unserer gegenwärtigen Situation stellt sich die Frage: Inwieweit kann Künstliche Intelligenz die Menschheitsentwicklung beeinflussen? Einerseits lässt sich der Erkenntnisgewinn durch Künstliche Intelligenz steigern. Zugleich kann Künstliche Intelligenz die Entwicklung des Menschen aber auch beeinträchtigen, da er die Einflüsse, denen er nun ausgesetzt ist, nicht mehr durchschauen kann. Wer über die meisten Informationen verfügt, ist auch in der Lage, auf die Gesellschaft den stärksten Einfluss auszuüben. Unabdingbar hierbei ist jedoch die Einhaltung ethischer Prinzipien.

Die Entwicklung hin zu größerem Wissen kann neue Abhängigkeiten entstehen lassen, welche sowohl die Entfaltung des Einzelnen wie auch die ganzer Völker/Nationen/Staaten beeinträchtigen. So sind weitere riesige Entwicklungsprozesse denkbar, die sich zudem stetig beschleunigen. Ein Rückblick in die Geschichte zeigt allerdings, dass Veränderungen immer auch mit Leid und Problemen verbunden waren. Die nachfolgenden Entwicklungsschritte werden zunehmend weniger überschaubar werden, da sich Entwicklungsprozesse rasant beschleunigen. Dabei besteht die Gefahr, dass die Bedürfnisse des Menschen rasch aus dem Blick geraten. Der Anreiz, immer neue, größere Entwicklungen anzustoßen, die ungeahnte Dimensionen eröffnen, nimmt beständig zu – mit dem Risiko, die genuin menschlichen Bedürfnisse aus den Augen zu verlieren. Die Entwicklung der Menschheit dringt, wie es aussieht, immer weiter in ungeahnte Bereiche vor – und dies zunehmend schneller. Daher kann es nicht oft genug wiederholt werden: Die Auswirkungen der Künstlichen Intelligenz müssen grundsätzlich stets vor einem ethischen Hintergrund gesehen und bedacht werden. Den Erfordernissen des Menschen, der Gesellschaft, der Staatengebilde muss ein höherer Wert zukommen als der spielerischen Neuentwicklung völlig unbekannter Bereiche. Der Reiz des Neuen und Unbekannten ist immer im Zusammenhang mit den Bedürfnissen einer freiheitlichen Gesellschaft zu sehen.

Durch Künstliche Intelligenz werden zukünftig sicherlich neue Möglichkeiten erschlossen werden, die unsere bisherigen Erfahrungen (und Vorstellungen) weit übersteigen. Der ewig strebende Mensch wird auch mit der Künstlichen Intelligenz noch nicht an seinem Ende angelangt sein. Es wird immer weitergehen und es werden immer wieder neue, noch ungeahnte Möglichkeiten entwickelt werden. Fraglich dabei ist jedoch, ob sich mit jeder Weiterentwicklung tatsächlich Momente des vollkommenen Glücks erreichen lassen. Wie es um die Verbesserung der Lebensqualität im Laufe der Entwicklung bestellt ist, wird erst die Zukunft zeigen. Der Natur des Menschen ist eine ewig rastlose, ewig weiterstrebende Komponente zu eigen. Inwieweit dieser Drang zu wirklich neuer Erkenntnis beiträgt, ist allerdings häufig fraglich.

Das aktive, strebende Verhalten ist sicherlich neuen Erkenntnissen dienlich. Ob diese neuen Erkenntnisse aber die Lebensqualität verbessern, sei dahingestellt. Ein Szenario könnte auch so aussehen, dass die Unabhängigkeit des Einzelnen verloren geht – und, damit einhergehend, auch das Erkenntnisvermögen aller erheblich eingeschränkt wird. Erkenntnisse gewinnen wir nicht ausschließlich über die Sprache. Bereits vor der sprachlichen Entwicklung des Menschen hat es beständige Weiterentwicklung gegeben. Genauso wird es also vermutlich auch Weiterentwicklungen geben, die über die Sprache hinausgehen. Die Algorithmen der Künstlichen Intelligenz sind hierfür ein gutes Beispiel, denn: Mit der Sprache lassen sich schlichtweg nicht mehr alle Analysen der Algorithmen nachvollziehen.

Weiterentwicklung erfolgt also über Aktivitäten, die das menschliche Gehirn übersteigen können. Sie wird sich beständig fortsetzen, da Erkenntnisgewinn und Rastlosigkeit typische menschliche Eigenschaften sind, die keine Grenzen kennen. Es gibt nur wenige Menschen, denen etwas völlig genügen könnte. Die meisten streben nach immer mehr, materiell wie geistig. Unsere Vorstellungskraft reicht allerdings nicht aus, um alle zukünftigen Entwicklungen auch nur ansatzweise zu erfassen oder zumindest zu antizipieren. Die Geschichte bietet hierfür zahlreiche Beispiele. Weiterentwicklung wird im Übrigen auch durch ständiges Infragestellen und ständige Verneinung forciert werden.

Ethische Prinzipien kristallisieren sich bei allen Entwicklungen immer wieder als Dreh- und Angelpunkt heraus. Hierfür nur ein Beispiel: Durch Künstliche Intelligenz werden auch Entscheidungsprozesse immer weiter automatisiert. Dies bedeutet: Algorithmen treffen Entscheidungen, ohne dass Fairness oder vergleichbare Prinzipien überhaupt mitberücksichtigt werden. Auch größere Zusammenhänge werden bei der alleinigen Entscheidung durch Algorithmen häufig außer Acht gelassen, wodurch die Qualität der Entscheidungen abnimmt. Denn wir dürfen uns bei der Einschätzung nicht von Algorithmen blenden lassen, die lediglich einen Teilbereich erfassen – den allerdings exakt. Menschliche Entscheidungen hingegen beziehen häufig größere Zusammenhänge mit ein, denen ein exakter Algorithmus nicht gerecht werden kann. Die Exaktheit darf nicht auf Kosten größerer Zusammenhänge gehen, die einfach ausgeblendet oder nicht mehr gesehen werden. Denn sie erst ermöglichen unfaire, unethische Entscheidungen.

\* \* \*

Wahrheit im philosophischen Sinne wird auf unterschiedliche Arten gefasst: Nach Thomas von Aquin (1225–1274) besteht Wahrheit in der Übereinstimmung zwischen dem, was wir denken, und dem, was ist (von Aquin, 1986). Der menschliche Verstand ist nicht für die Wahrheit der Dinge verantwortlich. Der menschliche Verstand ist begrenzt. Von daher kann es verschiedene Wahrheiten für den Menschen geben, die nicht der Realität entsprechen. Die Wahrheit kann in den Dingen auftreten, die wir wahrnehmen, und die Wahrheit kann in unserem Verstand geformt werden. Sie wird von unserem Verstand bestimmt, ohne dass wir ganz sicher sein können, dass dies die tatsächliche Wahrheit ist. Die Wahrheit kann zudem auch in unserer Sinneswahrnehmung und in unserem Verstand unterschiedlich wahrgenommen werden. Sie beginnt mit der Sinneswahrnehmung und wird dann durch unseren Verstand geformt. Während die Sinneswahrnehmung lediglich die äußere Erscheinung der Dinge erkennt, erkennt unser Verstand den dahinterliegenden Sinn.

Für Thomas von Aquin beruht Wahrheit also auf der Übereinstimmung zwischen Gegenstand und menschlichem Verstand. Mithilfe der Künstlichen Intelligenz nehmen wir bestimmte Dinge wahr, unser Verstand liefert sodann die Interpretationen und die scheinbaren Erkenntnisse. Da der Verstand allerdings begrenzt ist und nicht alles wahrnehmen kann, müssen demnach auch die Interpretationen begrenzt sein, die wir aus der Beobachtung mithilfe der Künstlichen Intelligenz gewinnen. Ergebnisse sind folglich immer vor dem Hintergrund zu interpretieren, dass unser Verstand begrenzte Interpretationen liefert, die wir gründlich verifizieren müssen.

Aristoteles hat eine ganzheitliche Betrachtungsweise des Menschen und seiner Seele vorgeschlagen. Ihm zufolge bilden Körper und Geist eine unauflösliche Einheit. Die Verquickung von Materiellem und Mentalem ist gerade in der heutigen Hirnforschung hochaktuell. Körper und Seele hängen eng miteinander zusammen, die Seele löst körperliche Reaktionen aus, Reaktion des Körpers können die Seele beeinflussen. So sind wir beispielsweise dazu in der Lage, uns äußere Dinge vorzustellen, ohne dass sie direkt vor uns sichtbar sein müssen (Aristoteles, 1991).

Die stoischen Ideen Senecas (1–65 n.Chr.) empfehlen den Weg zu Tugend und Weisheit. Äußerlichkeiten sind dabei ebenso unwichtig wie Reichtum (Seneca, 2018). Der Mensch ist dazu in der Lage, seine Bedürfnisse zu reduzieren und einen stoischen Gleichmut der Entspannung zu entwickeln. Der Einzelne sollte bemüht sein, mit sich selbst wie auch mit der Natur in Einklang zu sein. Bei all diesem Bestreben sollte stets das tugendhafte Verhalten Vorrang vor allem haben. Vernunft und die Beherrschung spielen dabei die zentrale Rolle. Es gilt, von weltlichen Dingen Abstand zu nehmen und sich inneren Werten wie Tugend und Weisheit zuzuwenden. Ein glückliches Leben steht mit der Natur in Einklang und lässt sich nur durch Gelassenheit erreichen. Die Teilhabe an der Wahrheit ist ausschließlich durch die Vernunft zu erlangen. Der Gegenwart kommt stets vor allem anderen Bedeutung zu, ebenso ist Genügsamkeit als fundamental anzusehen. Reichtum spielt für den Weisen nur eine untergeordnete Rolle, da das Wesentliche im Inneren des Menschen liegt. Das Leben, so Seneca, ist zu kurz, um sich ausschließlich auf äußere Werte zu konzentrieren. Daher ist die Abwendung von äußeren, weltlichen Dingen das Gebotene, um der Hinwendung zur inneren Werten wie Tugend und Weisheit Raum zu geben. In diesem Zusammenhang kommt der Genügsamkeit ein entscheidender Stellenwert zu, da nur sie die erforderliche Zeit einräumt für die Konzentration auf das Innere und für ethische Überlegungen.

Künstliche Intelligenz sollte sich in den Dienst solch stoischer Ideen stellen und der Ethik sowie dem inneren Leben zentrale Beachtung schenken. Dies ist ein hoher Anspruch, aber dennoch sollte er formuliert und vor allem auch angestrebt werden. Neue Bereiche der Erkenntnis könnten in diesem Zusammenhang dazu beitragen, äußere Dinge zu relativieren und die Attraktivität der inneren Einkehr zu erkennen und zu respektieren.

Neue rationale Ideen zu entdecken und die Abkehr von irrationalen Ideen und Überzeugungen könnte durchaus mit der Künstlichen Intelligenz erleichtert werden.

*　*　*

Neues lässt sich häufig nur schaffen, wenn Altes infrage gestellt und zerstört wird. Alles Bestehende ist zuweilen immer wieder einer intensiven Kritik zu unterziehen, um neue Ideen zu entwickeln. Es ist wohl kaum abwegig anzunehmen, dass im Laufe der geistigen Entwicklung auch viele Irrtümer hervorgebracht wurden, die bei neuerlichen Überlegungen zu hinterfragen sind. Für den freien Geist gibt es keine ewige Wahrheit und kein Ding an sich. Diese Ideen hat vor allem Nietzsche (1844–1900) entwickelt, für den Weiterentwicklung nicht denkbar war ohne die Loslösung von Bestehendem. Dabei müsse der Psychologie, folgt man Nietzsche, eine viel größere Rolle zukommen, da sie zu exakteren Beobachtungen führe. Die Interpretation des Lebens wäre dann effizienter und würde neue Möglichkeiten eröffnen.

Viele Irrtümer und Fantasien lassen sich nur dann aufdecken, wenn Bestehendes hinterfragt wird. Kreativität und die Erkenntnis von Neuem sind immer mit der Loslösung von Herkömmlichem verbunden. Durch Konventionen werden dem Menschen zudem beständig neue Ketten angelegt, von denen es gilt, sich zu befreien, sofern er Neues erkennen will. Nur mit einem freien Geist, losgelöst von anerzogenen Perspektiven, lassen sich neue Bereiche erschließen. Mithilfe Künstlicher Intelligenz können wir neue Erkenntnisfelder eröffnen, da sie uns zuvor Unbekanntes sichtbar macht. Gewohnte Denkstrukturen und Denkmuster werden immer dann durchbrochen, wenn wir offen sind für neue Zusammenhänge und unsere Ängste und Vorurteile abbauen. Gerade neue Gedanken stoßen nicht selten auf Abwertung und Ablehnung, da sie aus der Bequemlichkeit alter Denkmuster herausführen.

Die ewige Wiederkehr des Gleichen ist ein ganz zentraler Kern in Nietzsches Denken und Überlegungen. Selbstverständlich ergeben sich immer auch wieder Veränderungen, die wesentlichen, existenziellen Elemente jedoch bleiben gleich. Und dabei stehen Wissenschaft und Kunst vor allem anderen im Vordergrund. Für Nietzsche bilden sie eine Einheit, die zur Erhaltung der menschlichen Art beitragen.

Viele Menschen sind nur bestrebt, ihr Machtgefühl und ihre Machtfülle zu stärken und zu erweitern. Sie halten sich dabei nicht nur an Konventionen, sondern sind bestrebt, ihren Einflussbereich zu vergrößern. Der Mensch ist einerseits dazu in der Lage, die Welt nach seinen eigenen Vorstellungen zu gestalten. Zugleich wird er dabei aber mit einer solch enormen Komplexität konfrontiert, dass es ihm kaum möglich ist, die Implikationen seines Handelns umfassend vorherzusehen und abzuschätzen.

Moderne Technologien erleichtern zwar unser Leben, sie machen uns zugleich aber durchsichtiger, durchschaubarer und einfacher beeinflussbar, da umfangreiche Daten von uns viel leichter erfasst werden können – und damit auch gegen unsere eigentlichen Interessen einsetzbar sind. Die Endlichkeit eines jeden wird zwar von den meisten Menschen in starkem Maße verdrängt, eröffnet zugleich aber auch die Möglichkeit, in seinem eigenen Tun über sich selbst hinauszudenken und die Gesamtheit der aktuellen und der nachfolgenden Gemeinschaften im Blick zu behalten. Mag sich auch die Wissenschaft immer weiterentwickeln, so bleiben unsere eigenen Gefühle dabei doch relativ konstant. Die Anpassung an neue Technologien ist einerseits zwar erforderlich, die menschliche Persönlichkeit aber ist nicht dazu in der Lage, sich in der gleichen Geschwindigkeit diesen Entwicklungen anzupassen, die für den effizienten Umgang mit modernen Technologien erforderlich wären.

Durch die Hirnforschung ist bekannt, dass Seelen- und Geisteszustände häufig das Ergebnis von Nervenaktivitäten sind. Der französische Aufklärungsphilosoph Julien Offray de La Mettrie (1709–1751) hat bereits 1748 eine Kampfschrift zum Thema „Die Maschine Mensch" veröffentlicht (La Mettrie, 2009). Er versuchte, das komplizierte Zusammenspiel von Nervenmuskeln und Gehirnzellen zu erkunden. Dabei ging er davon aus, dass ausschließlich naturwissenschaftliche Beobachtungen zu verlässlichen Aussagen über den Menschen führen können.

Für ihn standen Lebensfreude und Sinneslust im Vordergrund. Seine Devise lautete: Das Leben genießen und uns an der Schönheit der Natur erfreuen. Seelen- und Geisteszustände begreift er als Ergebnis von Nervenaktivitäten – wobei er bereits zu seiner Zeit mit den Ergebnissen der modernen Hirnforschung übereinstimmt. Körperliche Vorgänge haben direkte Auswirkungen auf geistige und seelische Prozesse. Je ausgeprägter die geistigen Tätigkeiten sind, so La Mettrie, desto geringer ist die instinkthafte Steuerung. Durch Worte und Sprache entwickelt sich der Geist grundlegend weiter. Alle äußeren Gegenstände und Vorkommnisse sind mit unseren Vorstellungen in unserem Gehirn eng verknüpft. Unsere Wahrnehmung und unsere Einbildungskraft ermöglichen es uns, ein inneres Abbild von der uns umgebenden Umwelt zu vermitteln. Zudem haben wir auch ein grundlegendes Gefühl dafür entwickelt, nichts tun zu dürfen, das anderen schadet. Gleiches nämlich könnten uns andere gleichermaßen antun und uns damit also beeinträchtigen.

Wir beobachten in unserer Umgebung die Auswirkungen vieler Naturgesetze, denen wir uns anpassen müssen. Körper und Seele bilden La Mettrie zufolge eine unauflösbare Einheit. Nur durch Erfahrungen und Beobachtungen können wir zuverlässige Aussagen über unsere Umgebung treffen, die Natur ist ausschließlich durch unsere Sinneswahrnehmung erfahrbar und abbildbar.

La Mettrie orientierte sich bei seinen Überlegungen auch an den Vorstellungen des Philosophen Epikur (341–270 v. Chr.), der das Streben nach diesseitigem Glück und die unmittelbare Ausrichtung unserer Wahrnehmung auf die uns umgebende Welt in den Vordergrund stellte (Epikur, 2011). Gerade die moderne Hirnforschung akzentuiert das Verhältnis von Körper und Geist wieder. Unser Geist steht in direkter Interaktion mit unserem Körper, ohne dass dies von uns immer beeinflussbar wäre. Unsere Sinne vermitteln uns ein Abbild unserer Umwelt. Dies spiegelt sich in unserer Wahrnehmung, mittels derer wir, in Abhängigkeit von unseren Sinneswahrnehmungen, lediglich ein ausschnittartiges Abbild unserer Umgebung erhalten. Zugleich erkennen wir Gesetzmäßigkeiten in der Natur, die unser Leben bestimmen. Ein jeder Mensch hat Erfahrungen gesammelt, die sein Verhalten beeinflussen. Bewusst und unbewusst stellt er sich auf die Naturgesetze in seiner Umgebung ein, da dies sein Überleben ermöglicht und zugleich positive Gefühle hervorrufen kann. Mithilfe der Künstlichen Intelligenz erkennen wir immer neue Gesetze und Beziehungen in unserer Umwelt, die unser Leben zwar einerseits erleichtern, zugleich aber auch unsere Freiheiten einschränken können. Wir entdecken ständig neue Möglichkeiten der Wahrnehmung in unserer Umwelt – eine Bereicherung unseres Lebens.

Ortega y Gasset (1883–1955) hat 1929 interessante Überlegungen zur Massenpsychologie entwickelt, wobei ähnliche Gedanken bereits Friedrich Nietzsche (2000) und Sigmund Freud (2021) formuliert hatten. Der Einfluss, den die Massen auf uns ausüben, war für ihn allerdings zentral. Ortega y Gasset ging von der Entstehung einer Massenherrschaft aus, welche die Gedanken der Philosophie und der gesellschaftlichen Eliten überlagert. Daraus entsteht ein Sog, der ein allzu einheitliches Denken befördert und verbreitet und von einer gegenseitigen Beeinflussung lebt. Alles, was sich dem Denken der Massen nicht anpasst, wird ausgeklammert und abgewertet. Der Gedanke, dass nichts endgültig und alles möglich ist, wird erst gar nicht mehr zur Diskussion gestellt. Überkommene Normen und kulturelle Traditionen verlieren ihre Bedeutung.

Auch das räumliche und zeitliche Zusammenwachsen von Ideen und Gedanken der Menschen wird stark forciert. Das Massendenken gibt damit die Hauptrichtungen kultureller und gesellschaftlicher Fragestellungen vor. Ebenso reagieren die Börsen auf intensive Massenphänomene, die – je nachdem – den Anstieg oder den Absturz der Kurse bestimmen können. In der Folge entsteht eine Emotionalisierung, die einen extremen Einfluss auf das rationale Denken hat. Gefühle bestimmen sodann das Handeln, die Anleger haben das Gefühl, sich der Masse anpassen zu müssen, um keinen Schaden zu erleiden. Nur wer diese Phänomene durchschaut, ist in der Lage, dann noch rationale Entscheidungen zu treffen.

Anonyme Massen üben zuweilen auch einen starken Einfluss auf staatliche Strukturen aus – nicht immer zum Vorteil eines Landes. Ebenso fügen Politiker, die die Massen beeinflussen und manipulieren, einer Bevölkerung, die den Einfluss solcher Massenphänomene nicht durchschaut und wohl auch oftmals nicht durchschauen kann, immensen Schaden zu.

Die anonyme Masse ist mitunter extrem einflussreich, da sich der einzelne Mensch diesem Phänomen wenig bis gar nicht entziehen kann. Vermutlich hängt es auch damit zusammen, dass der Mensch ursprünglich ein Herdenwesen war, was in früheren Zeiten das Überleben garantierte. In der heutigen Zeit lassen sich diese Phänomene allerdings immer noch beobachten, obwohl das Überleben nicht mehr vom Herdenverhalten abhängt.

Massenphänomene haben häufig eine Oberflächlichkeit zu Folge, die allen beteiligten Akteuren schadet. Eine differenzierte Urteilsfähigkeit ist dann nicht mehr möglich, da emotionale Befriedigung nur noch aus der Angepasstheit an die Masse entsteht. Das kritische Urteilungsvermögen wird somit zunichte gemacht.

Massenphänomene verursachen zudem auch Nivellierungen, die den Ansporn zu überdurchschnittlichen Leistungen im Keim ersticken. Denn die Masse übt auf alle abweichenden und überdurchschnittlichen Leistungen einen immensen Druck aus. Insofern tun sich unabhängige Individuen grundsätzlich sehr schwer in einer Massengesellschaft, da sie immer gefordert sind, sich dem Einfluss der vielen entgegenstellen zu müssen. Massenphänomene haben immer eine große Oberflächlichkeit im Gefolge und führen zu einem markanten Mangel an Urteilsfähigkeit. Sigmund Freud (1856–1939) beschrieb die Massenphänomene als impulsiv, irrational und vom Unbewussten gesteuert (Freud, 2021).

Auch im Rahmen der Digitalisierung entstehen Massenphänomene, die beispielsweise alles ablehnen, was nicht dem scheinbaren Fortschrittsdenken entspricht. Was sich nicht digitalisieren lässt, wird per se abgewertet und als rückständig bezeichnet. Viele Überlegungen der Philosophie beispielsweise aber lassen sich nicht mittels der Digitalisierung nachvollziehen und bleiben allein schon von daher unverständlich. Künstliche Intelligenz kann zwar dabei unterstützen und einen Anteil leisten, um Massenphänomene zu durchschauen, sie ist zugleich aber eigenen Massenphänomenen ausgesetzt, die zuweilen die Selbstreflexion erschweren. Massenphänomene erschweren grundsätzlich die intellektuelle Verarbeitung und die gedankliche Durchdringung von theoretischen Konstrukten. Was nicht einer Massenströmung entspricht, wird herabgesetzt und für aus der Zeit gefallen erklärt. Tiefergehende Phänomene wie etwa das Infragestellen des eigenen Erkenntnisvermögens bleiben unberücksichtigt und von vornherein außen vor, da sie dem eigenen Denken nicht entsprechen und ihm damit folglich nicht gerecht werden. Die Bedeutung einer kritischen und reflektierten Sichtweise wird vor diesem Hintergrund besonders wichtig.

\*   \*   \*

Weltgeschichte wird zumeist als eine Geschichte stetigen Fortschritts gesehen. Oswald Spengler (1880–1936) stellt dies in seinem Buch „Der Untergang des Abendlandes" (1922) allerdings infrage (Spengler, 2014). Aus seiner Sicht ist der Fortschrittsoptimismus zu hinterfragen. Spengler unterstellt, dass alle Kulturen der Welt mehrere Phasen durchlaufen. Für ihn befindet sich das Abendland in einer Schlussphase, die noch überhaupt nicht vorstellbar und absehbar sei. Alle Hochkulturen durchlaufen verschiedene Phasen, wofür der Niedergang zurückliegender Kulturen beredtes Zeugnis gibt. Als Beispiele dafür hat Spengler acht Hochkulturen beschrieben und dabei ihre jeweilige Vergänglichkeit in den Fokus gerückt. Die großen Kulturen Chinas, Ägyptens, Mexikos oder der arabischen Region sind ebenso in Phasen verlaufen wie die des antiken Athens oder Roms. Eine jede Hochkultur, sofern man Spengler folgt, blüht, reift und vergeht. Und für ihn befindet sich eben auch unser Abendland in einer Schlussphase, die wir noch gar nicht ermessen können und die unser Vorstellungsvermögen vollkommen übersteigt.

In dieser Entwicklung ist Geld jeweils ein bestimmender Faktor der Zivilisation – und zugleich auch eine stark negative Größe. Für Spengler durchläuft jede Kultur eine Periode von rund tausend Jahren, außerdem vollzieht sich für ihn Weltgeschichte nicht zielgerichtet, sondern zyklisch. Auch Kulturen bestehen aus einem beständigen Werden und Vergehen. Dies hat übrigens bereits Nietzsche mit seiner Auffassung von der ewigen Wiederkunft des Gleichen beschrieben.

Es stellt sich die Frage, ob sich diese Zyklen mittels Künstlicher Intelligenz durchbrechen lassen oder ob wir Künstliche Intelligenz dermaßen überschätzen, dass wir uns ihren Untergang schlechthin nicht vorstellen können. Durch Künstliche Intelligenz könnten Prozesse in Gang gesetzt werden, die unsere Möglichkeiten zwar erweitern, zugleich aber Unfreiheiten und Abhängigkeiten schaffen, die dem kulturellen Fortschritt erheblich im Wege stehen, da die Entfaltung des Individuums durch Kontrolle und Überwachung grundlegend eingeschränkt werden kann. Einige Konzerne sind zwar in der Lage, Informationen von allen Menschen zu sammeln und auszuwerten, wirken dabei aber zugleich der menschlichen Entwicklung und Entfaltung durch Einschränkung entgegen. Der Mensch kann sich aber nur dann weiterentwickeln, wenn er seine Souveränität behält und eigenständige Entscheidungen treffen kann.

Ferdinand von Schirach fordert in seinem Buch „Jeder Mensch" (von Schirach, 2021), dass die Selbstbestimmung eines jeden zu bewahren sei. Er geht sogar davon aus, dass neue Grundrechte geschaffen werden müssen, die ein zufriedenes Leben im digitalen Zeitalter ermöglichen. Denn in einer globalen digitalen Welt wird die Gefahr der Ausbeutung zusehends größer. Es werden immer mehr Daten gesammelt, daher ist der Schutz dieser Daten umso dringlicher. Zu einem guten Leben aber gehören immer Souveränität, Freiheit und Streben nach Glück. Die Globalisierung, Algorithmen und Künstliche Intelligenz verändern unsere Welt in einem derartigen Maße, dass wir einen neuen rechtlichen Rahmen schaffen müssen. Ein jeder Mensch muss seine digitale Selbstbestimmung behalten. Es gilt daher, die Ausforschung oder Manipulation des Einzelnen unbedingt zu verhindern.

Wesentliche und wichtige Entscheidungen muss ein jeder Mensch selbst und selbstbestimmt treffen können, auch wenn Algorithmen ihn inzwischen transparent und überprüfbar machen. Die Digitalisierung kann das freie Spiel der Kräfte erheblich verändern und einschränken – und dem Menschen seine Freiheit nehmen. Aber der Mensch darf nicht durch Datenerfassung zu einem Objekt gemacht werden. Persönliche Freiheit ist stets als höchstes Gut anzusehen, vor allem, wenn die Gefahr der Manipulation durch intensive Datenerfassung gegeben ist. Es gilt, den alten Rahmen des freien Spiels der Kräfte zu stützen, um nicht immer mehr unterhöhlt und durch Digitalisierung eingeschränkt zu werden durch das Sammeln von Daten, die sich geschäftlich verwenden lassen und damit die Authentizität des Einzelnen unterminieren.

Ernst Bloch (1885–1977) hat in seinem Buch „Geist der Utopie" von 1918 (Bloch, 1985) sehr interessante expressionistische Gedanken formuliert. Der Mensch verfügt ihm zufolge in seinem Inneren über viele noch nicht bewusste Bereiche. Durch Kunstrausch und Religion kann er sich einen teilweisen Zugang verschaffen. Gerade in der expressionistischen Kunst kommen seelische Anteile des Menschen verstärkt zum Ausdruck. Hinter dem Schein des Tatsächlichen kann Bloch nur schwer das Wahre erkennen. Es gibt verborgene Trauminhalte der Seele, zu denen der Mensch nur manchmal ansatzweise Zugang findet. Utopische Vorstellungen bergen dabei ein noch nicht verwirklichtes Potenzial. Hinter dem Tatsächlichen gilt es, die Wahrheit zu finden, die uns völlig neue Möglichkeiten eröffnet. Und gerade in Träumen treten zuweilen Utopien zutage.

Für Ernst Bloch sind unsere Träume der Wahrheit und Realität manchmal näher als die tatsächlichen Gegebenheiten. Vieles in unserem Bewusstsein hat sich noch nicht entwickelt und abgebildet. So können sich gerade in Mysterien und alten Volksritualen manchmal tiefe Wahrheiten widerspiegeln. Eine neue Erkenntnistheorie müsste sich Bloch zufolge jenseits aller objektiven Fakten entwickeln. Neben der normalen Realität gibt es eine zweite transzendente Wahrheit, die den meisten nicht zugänglich ist. Das innere, irrationale Wesen des Menschen sollte angenommen und bewusst gemacht werden.

Vor allem der Kunst, der Philosophie und der Religion kommt die Aufgabe zu, unsere Herzen zu öffnen und neue Erkenntniswege zu gehen.

Auch im Traum können wir erahnen, welche Möglichkeiten uns ein erweitertes Bewusstsein verschafft. Der Geist der Utopie wird gerade in der Kunst, insbesondere in der Musik erkennbar. Es gibt vieles, das unserem Denken verborgen und nur andeutungsweise erfahrbar ist. Die sichtbare Welt ist teilweise Illusion, die nur durch Versenkung in sich selbst erweitert werden kann. Einhellig wird der Kunst immer wieder eine erlösende Funktion zugeschrieben, die zu einer übersinnlichen Welterkenntnis führen kann. Die übersinnliche Welterkenntnis bewegt sich außerhalb der ‚normalen‘, messbaren Wissenschaft

Der französische Philosoph Michel Foucault (1926–1984) hat interessante Wege zur Erkenntnisgewinnung erarbeitet (Foucault, 2012). Hierbei geht es ihm um unbewusste überindividuelle Strukturen, die sich beim Menschen erkennen lassen. Nicht das bewusste Denken und Handeln steht also im Vordergrund, sondern solche Bereiche, die dem normalen Bewusstsein nicht zugänglich sind. Auch gibt es verborgene Analogien zwischen dem Mikrokosmos und dem Makrokosmos. Strukturen im Kosmos lassen sich mit Strukturen einzelner Lebewesen vergleichen. Die Entzifferung von Zeichen und Signaturen steht dabei im Vordergrund. Die Welt ist von Zeichen und Strukturen erfüllt, die der Mensch erkennen muss.

Die Ähnlichkeiten zwischen Worten und Dingen kann nur ein Dichter und Künstler erfassen. Es gilt demnach, eine innere verborgene Architektur zu ergründen. Unsere Worte erlauben es nur zu einem geringen Teil, die Dinge zu beschreiben, die uns umgeben. Komplexe Zusammenhänge befinden sich jenseits unserer normalen Einordnungen. Hinter unserem Wissen und unserer Erkenntnis sind noch ganz andere Strukturen verborgen, die uns unbekannt sind. Das Sichtbare und Wahrnehmbare kann die wirklichen Strukturen nicht widerspiegeln.

Sigmund Freud (1856–1939) hat insbesondere mithilfe der Psychoanalyse das Unbewusste in den Fokus gerückt (1921), wodurch er die Sichtweise erweitert. Es gibt tieferliegende Gesetze und Regeln, die unser Bewusstsein nur teilweise imstande ist aufzudecken. Der Mensch wird nicht als Maß aller Dinge gesehen, sondern lediglich als ein Teil innerhalb übergeordneter Strukturen. Dabei ist die Sprache immer nur in der Lage, bloß einen Teil unserer Wirklichkeit zu erfassen und zu vermitteln. Sprache beschreibt demnach eine Welt, die lediglich einen kleinen Teil der Realität ausmacht. Eindeutiges Wissen gibt es nur eingeschränkt. Stattdessen existiert eine Vielzahl von Wahrheiten, die alle ihre Berechtigung haben (Freud, 2021).

Möglicherweise bietet uns ja die Künstliche Intelligenz Chancen, uns einem Teil der wirklichen Wahrheiten besser zu nähern, allein aufgrund dessen, dass wir auf diese Weise Strukturen erfassen könnten, die unserem ‚normalen' Bewusstsein nicht zugänglich sind. Insofern könnte uns Künstliche Intelligenz neue Möglichkeiten des Erkenntnisgewinns eröffnen. Zugleich aber ist die Gefahr gegeben, dass wir uns mit scheinbar neuen Erkenntnissen sogar weiter von der Realität entfernen. Und ebenso könnte es sein, dass wir in zusätzliche Abhängigkeiten geraten, die unser Erkenntnisvermögen sogar noch stärker einschränken.

## Literatur

Aristoteles (1991). In F. F. Schwarz (Hrsg.), *Metaphysik*. Reclam.

Aristoteles. (1991). *Metaphysik*. Universal-Bibliothek Nr. 7913; Metaphysik: Schriften zur ersten Philosophie. Herausgegeben von Franz F. Schwarz. Reclam.

Bloch, E. (1985). *Geist der Utopie*. Suhrkamp.

Epikur. (2011). *Wege zum Glück* (M. Hackemann, Trans.). Anaconda.

Foucault, M. (2012). *Der Mut zur Wahrheit*. (J. Schröder, Trans.). Suhrkamp.

Freud, S. (2021). *Massenpsychologie und Ich-Analyse*. Nikol.

Herder, J. G. (1966). *Ideen zur Philosophie der Geschichte der Menschheit*. Löwit.

Jung, C. G. (1958). *Gesammelte Werke*. Rascher.

Kierkegaard, S. (2021). *Die Hauptwerke*. Herausgegeben von A. Pieper. Narr Francke Attempto.

Kierkegaard, S. (2021). In A. Pieper (Hrsg.), *Die Hauptwerke*. Narr Francke Attempto.

La Mettrie, J. O. (2009). *Die Maschine Mensch*. Herausgegeben und übersetzt von C. Becker. Meiner.

La Mettrie. (2009). In C. Becker (Hrsg. u. Trans.), *Die Maschine Mensch*. Meiner.

Nietzsche, F. (2000). *Die fröhliche Wissenschaft*. Reclam.

Rousseau, J.-J. (2012). In R. Brandt (Hrsg.), *Vom Gesellschaftsvertrag oder: Prinzipien des Staatsrechts*. Akademie.

Rousseau, J.-J. (2012). *Vom Gesellschaftsvertrag oder: Prinzipien des Staatsrechts*. (Klassiker Auslegen, Band 20). Herausgegeben von R. Brandt. Akademie Verlag.

von Schirach, F. (2021). *Jeder Mensch*. Luchterhand.

Seneca (2018). In F.-P. Burkard (Hrsg.), *Vom glücklichen Leben*. Kröner.

Seneca (2018). *Vom glücklichen Leben*. Eine Auswahl aus seinen Schriften. Neu übersetzt von F.-P. Burkard. Kröner.

Spengler, O. (2014). *Der Untergang des Abendlandes* (3. Aufl.). Edition Holzinger.

Vico, G. (2017). In V. Hösle & C. Jermann (Hrsg.), *Prinzipien einer neuen Wissenschaft*. Meiner.

Vico, G. (2017). *Prinzipien einer neuen Wissenschaft über die gemeinsame Natur der Völker : Band I und II*. V. Übersetzt von Hösle V. & C. Jermann. Meiner

Von Aquin, T. (1986). In A. Zimmermann (Hrsg.), *Von der Wahrheit*. Meiner.

Von Aquin, T. (1986). *Von der Wahrheit*. Philosophische Bibliothek Band 384. Herausgegeben und übersetzt von A. Zimmermann. Meiner

# 4

# Veränderung unserer Lebensbereiche durch Künstliche Intelligenz

Mithilfe der Künstlichen Intelligenz lassen sich, wie gesagt, umfangreiche Datenbestände analysieren, beispielsweise von Banken. So wird Künstliche Intelligenz zum elementaren Wettbewerbsfaktor für die Wirtschaft. Insbesondere Bankprozesse können schneller und sicherer gemacht werden. Lernfähige Algorithmen können zum Beispiel bei Fragen der Vermögensanlage helfen und so den Bankenbereich sehr stark unterstützen. Auch lassen sich Kreditanfragen rasch analysieren und beurteilen. Die Auswertung selbst großer Datenbestände ist unkompliziert, die Kreditwürdigkeit daher leichter überprüfbar. Gerade Banken verfügen über eine immense Datenfülle, die ihnen erlaubt, Kreditanfragen recht genau zu analysieren und einzuschätzen. Und selbst bei noch unstrukturierter Datenlage erlaubt es Deep Learning, derartige Muster zu generieren, die eine Kundenbeurteilung zulassen. Doch bei allem muss immer im Blick behalten werden, ob die Datenquellen aktuell und relevant sind. Nur eine hochwertige Datengrundlage kann ein konstruktives Ergebnis ermöglichen. Mithilfe Künstlicher Intelligenz können Muster erlernt werden, die eine entsprechende Verarbeitung ermöglichen.

Der Einsatz von Künstlicher Intelligenz muss aber immer mit hohen Sicherheits- und Prüfauflagen verbunden sein, um Missbrauch auszu-

© Der/die Autor(en), exklusiv lizenziert an Springer Fachmedien Wiesbaden GmbH, ein Teil von Springer Nature 2022
A. Kitzmann, *Künstliche Intelligenz*, https://doi.org/10.1007/978-3-658-37700-7_4

schließen. Es existieren mittlerweile auch automatisierte Alarm- und Marktüberwachungssysteme, die die Aufdeckung von Missbrauchsfällen ganz rasch ermöglichen. Es gibt viele sogenannte falsch-positive Treffer, die zwar Treffer hervorbringen, ohne jedoch zu einem Ergebnis zu führen. Die endgültige Entscheidung muss daher immer durch den Menschen erfolgen, Künstliche Intelligenz darf bloß ein Hilfsmittel sein, um zu einer Optimierung von Ergebnissen beizutragen.

**Der Einsatz Künstlicher Intelligenz in völlig neuen Bereichen**
Elon Musk hat immer wieder thematisiert und davor gewarnt, dass Maschinen nicht mächtiger werden dürfen als der Mensch (Meckel, 2018). Mit seinem Start-up Neuralink hat er ein Implantat entwickelt, das Einfluss auf das Gehirn nehmen kann. Impetus hierfür war seine oftmals geäußerte Sorge, die Künstliche Intelligenz könne eines Tages gar zu mächtig werden und die menschliche Intelligenz sogar in hohem Maße übersteigen.

Musks Grundvoraussetzung lautet: Künstliche Intelligenz darf dem menschlichen Gehirn nie und nimmer überlegen sein. Mithilfe eines Mikrochips, der in das Gehirn implantiert wird, will er die kognitiven Fähigkeiten des Menschen steigern. Diese Mini-Elektrode ermöglicht es, im Gehirn neue Fähigkeiten zu programmieren. Auf diese Weise könnte es also zum Beispiel möglich sein, eine neue Sprache extrem schnell zu erlernen. Musk betrachtet den Chip als Weiterentwicklung bereits existierender Hirn-Schrittmacher, die imstande sind, verletztes Nervengewebe zu überbrücken. Weitere Einsatzbereiche, so Musk, wären beispielsweise der Ausgleich von Hirnschäden oder Rückenmarksverletzungen. Die Hirnströme könnten registriert werden und ließen sich mit Bewegungen verknüpfen.

Mit einer App auf dem Handy kann man bereits in bestimmten Geschäften einkaufen, ohne dass es noch erforderlich ist, zur Kasse zu gehen. Die gewünschten Produkte werden automatisch eingescannt, die Rechnung, beziehungsweise Abbuchung, erfolgt ebenfalls automatisch hinterher. Bei dem gesamten Vorgang erfassen Kameras die Produkte, die der Kunde aus dem Regal nimmt. Da alle Daten automatisch erfasst werden, ist folglich auch eine Kasse nicht mehr erforderlich. Auf dem Handy kann man nach erfolgtem Einkauf bereits den Kassenbeleg einsehen. So wird sich das Einkaufen durch Künstliche Intelligenz erheblich verändern. In unserem Gehirn verbinden sich über 100 Milliarden Nervenzellen zu einem Netzwerk. Die bisherigen Ergebnisse der Künstlichen Intelligenz können unser Gehirn in speziellen Bereichen zwar übertreffen, in vielen anderen Bereichen ist unser Gehirn aber nach wie vor unschlagbar. Auch die Früherkennung von Krankheiten lässt sich durch Künstliche Intelligenz sehr schnell verbessern. Anhand bestimmter Bewegungsmuster lässt sich zum Beispiel eine Parkinson-Erkrankung bereits in ihrem Anfangsstadium erkennen. Entsprechend früh können dann auch schon gebotene therapeutische Maßnahmen ergriffen werden; dem potentiellen Patienten wird also viel rascher Hilfe zuteil. Die soeben erwähnten Bewegungsmuster sind durch eine App auf unserem Handy erkennbar. Das Einverständnis des Handybesitzers sollte aber auf jeden Fall aus ethischen Gründen vorliegen.

Viele Informationen lassen sich bereits jetzt detailliert über das Smartphone erfassen, ohne dass dessen Besitzer jemals davon erfährt. Hier spielt die Ethik eine große Rolle, um die Freiheit und Authentizität des Handybesitzers nicht zu beeinflussen.

Kameras und Algorithmen werden auch dazu benutzt, Menschen in Städten zu überwachen. Dies führt zwar dazu, die Kriminalitätsrate erheblich zu mindern, andererseits aber wird auch der Freiheitsbereich des Menschen eingeschränkt und damit seine Lebensqualität gemindert. Insbesondere in China gibt es eine intensive Überwachungsgesellschaft, der sich der Einzelne kaum entziehen kann. Auch digitale Konzerne sammeln zunehmend Informationen über uns, die mittels Künstlicher Intelligenz strukturiert werden. Zwar wird hier immer wieder betont, dass ethische Prinzipien Richtlinien des Handelns sind, die Durchschaubarkeit und Kontrolle dieser Mechanismen wird aber immer schwieriger. Künstliche Intelligenz wird zudem intensiv für das autonome Autofahren eingesetzt. Hier wird mit einer Fülle von Parametern und Abläufen operiert, die alle Eventualitäten einplanen sollen. Die Entwicklung auf diesem Gebiet ist in einigen Bereichen bereits weit fortgeschritten, in anderen Bereichen hingegen müssen noch viele Neu- und Weiterentwicklungen erfolgen.

\* \* \*

Betrachtet man die Entwicklung der Künstlichen Intelligenz vor dem Hintergrund der Philosophie, die von ihrer Grundausrichtung immer sehr umfassend denkt und in Betracht zieht, ist es vielleicht sogar möglich, Tendenzen der weiteren Entwicklung im Zusammenhang mit Künstlicher Intelligenz zu erkennen. Der Philosoph Johann Gottfried Herder ging bereits im 18. Jahrhundert davon aus, dass sich die Entwicklung der Menschheit nur im Zusammenhang mit den Gesetzen einer kosmischen Ordnung verstehen ließe. Die Entstehung der Erde und die Evolution – die stufenweise Entwicklung, die sich auf ihr vollzogen hat und vollzieht – kann nur andeutungsweise verstanden werden. Sprache, Religion und Recht sind dabei drei wesentliche Elemente innerhalb der menschlichen Entwicklung. In diesem Zusammenhang ist der Begriff der Humanität für Herder zentral (Herder, 2017).

Herder zufolge ist der Mensch bestimmt von einem Gesellschaftstrieb und einem Gerechtigkeitstrieb, der Mitleid und Freundschaft fördert. Herder unterstellt dabei, dass sich die Menschheitsentwicklung und die staunenswerte Ordnung der Natur nicht zufällig vollzogen haben könne, sondern vielmehr Resultat einer uns noch weitgehend unbekannten Kraft ist. Hier könnte die Künstliche Intelligenz vermutlich lediglich eine Stufe innerhalb dieser Entwicklung darstellen, deren Auswirkungen noch nicht vorhersehbar sind. Wäre es denkbar, dass die Menschheit mittels Künstlicher Intelligenz eine Weiterentwicklung erfährt?

Jeder Mensch durchläuft im Laufe seines Lebens beträchtliche Veränderungen. Analog dazu könnte der derzeitige Entwicklungsstand der Menschheit doch auch als ein Übergangsstadium angesehen werden – hin zu einer Entwicklung, die wir noch nicht durchschauen können. Künstliche Intelligenz würde dann möglicherweise einen neuen Schritt in der Entwicklung des Menschen ermöglichen. Die Vor- und Nachteile hierbei müssten aber noch akribisch ausgelotet werden. Insbesondere die ethischen Standards wären in diesem Zusammenhang auszuleuchten und näher zu betrachten, da ja auch die Möglichkeit, dass Künstliche Intelligenz menschliches Verständnis übersteigt, zu antizipieren und zu bedenken ist.

Nach Herders Verständnis gelangten in der griechischen Kultur Humanität und Authentizität des Menschen erstmals zur Blüte. Hier sah er die ersten Schritte zur Mündigkeit verwirklicht, denn die Menschen waren in der Lage, sich selbst zu regieren. Dichtung, Wissenschaft und Kultur verzeichneten fundamentale Errungenschaften und bescherten der Menschheit einen immensen Fortschritt. Bei einem falschen Einsatz der Künstlichen Intelligenz könnten Mündigkeit und Unabhängigkeit des Menschen hingegen Schaden nehmen, die Gesamtentwicklung würde dann – ungewollt – sogar Stillstand (oder Rückschritt) bedeuten, eben weil sie den Menschen ein- und beschränken könnte und würde.

## 4.1 In welchen Lebensbereichen ist Künstliche Intelligenz manifest?

Künstliche Intelligenz ist zu Musikkompositionen in der Lage, zum Verfassen von Texten auf der Grundlage vorgegebener Stichworte, sie kann Gesprochenes von den Lippen ablesen und befähigt Autos, autonom zu fahren. Wir können uns E-Mails oder andere Texte vorlesen lassen und uns mit Übersetzungsprogrammen in fast allen Sprachen der Welt verständigen, ohne die fremde Sprache überhaupt zu kennen, geschweige denn zu beherrschen. Menschliche Fähigkeiten werden adaptiert und – zwar noch nicht perfekt – umgesetzt. Zugleich haben wir zudem kaum Zweifel daran, dass sich diese Fähigkeiten der Künstlichen Intelligenz weiter optimieren lassen.

Die Weltwirtschaft wird zunehmend geprägt durch Künstliche Intelligenz, Kommunikationswege werden unkomplizierter, Wissensbeschaffung kann umgehend erfolgen, spielerische und kreative Aufgaben werden von Künstlicher Intelligenz mühelos gemeistert. Inzwischen gibt es in der Wissenschaft Meinungen, die die Künstliche Intelligenz für den Werdegang der Menschheit für bedeutsamer erachten als beispielsweise die Entdeckung des Feuers oder die Entdeckung der Schrift. Künstliche Intelligenz kann die menschliche Intelligenz wesentlich weiterentwickeln, ebenso wie die Verbreitung der Dampfkraft im Laufe der industriellen Revolution zunehmend die Muskelkraft ersetzt hat. Die moralische Verantwortung für die Entwicklung unserer Welt wird somit immer größer. Vieles im Zuge dieser Entwicklung ist nicht mehr vorhersehbar, was unweigerlich verbunden ist mit der Gefahr, Verantwortlichkeit und Freiheit durch Manipulationstechniken der Künstlichen Intelligenz zu verlieren. Das Risiko eines Kontrollverlustes ist allein schon dadurch gegeben, dass es für uns nicht mehr nachvollziehbar sein wird (und schon ist), welche Daten überhaupt erfasst werden und was mit ihnen passiert.

Sicherlich gilt dabei immer, beide Seiten im Zusammenhang mit der Künstlichen Intelligenz zu sehen: den potentiellen Kontrollverlust auf der einen Seite und die enormen Erleichterungen auf der anderen Seite, welche die Informationsbeschaffung und Entwicklung von Konstellationen ermöglichen, die weit über die menschliche Intelligenz hinausgehen. Künstliche Intelligenz ist also gleichermaßen zum Schaden oder zum Nutzen einsetzbar. Daher muss es um Transparenz hinsichtlich der Vor- und Nachteile von Künstlicher Intelligenz gehen, um auf dieser Grundlage die Auswirkungen der Vor- und Nachteile Künstlicher Intelligenz einschätzen zu können.

\* \* \*

Die Privatsphäre des Menschen wird zunehmend für die Entwicklung von Geschäftsideen genutzt. Hierbei ist der wirtschaftliche Nutzen gegenüber dem Verlust der menschlichen Freiheit sorgsam abzuwägen, um die richtige Balance zu finden und zu wahren. Und ja, es ist auch faszinierend, wie sich einerseits Maschinen mithilfe Künstlicher Intelligenz ständig selbst optimieren können und, damit verbunden, dem Menschen erheblich viel Arbeit abnehmen. Auf der anderen Seite droht zugleich aber immer auch die Gefahr, diese Entwicklungen um den Preis des Verlusts der menschlichen Autonomie zu erringen. Nicht umsonst wird in visionären Vorstellungen immer wieder das Gespenst an die Wand gemalt, dass mittels Künstlicher Intelligenz Roboter die Weltherrschaft an sich reißen und die Menschheit versklaven könnten.

Mithilfe der Künstlichen Intelligenz lassen sich Dokumente analysieren und Textbausteine miteinander kombinieren. Es gibt Bereiche, in denen sich juristische Abläufe standardisieren lassen und in der Folge einmal strukturierte Dokumente in ähnlichen Fällen wiederverwendet werden können. So wird juristische Software bereits in Verfahren um

Fluggastrechte oder in Prozessen zum Dieselskandal eingesetzt. Und vor allem in amerikanischen Großkanzleien kommt Künstliche Intelligenz im Zusammenhang mit ‚russischen Fragen' bereits zum Einsatz. Es existieren ja inzwischen schon Digitalisierungsteams, die durch technische Unterstützung bei der juristischen Sondierung unterstützend mitwirken.

Hinzu kommt, dass gerade im juristischen Bereich die Texte in einer qualifizierten Sprache verfasst werden, die sich zur Automatisierung besonders gut eignet. Und gerade bei einfachen rechtlichen Prüfungen ist Künstliche Intelligenz einsetzbar und wird inzwischen dahingehend auch intensiv genutzt. Gleichermaßen können Vertragstexte mittels Künstlicher Intelligenz als Vorschlag erarbeitet werden, um sie anschließend von Juristen endgültig zu verfassen. Tausende von Vorsatzstücken können selektiv einbezogen werden. Aus vorgefertigten Bausteinen werden so Schriftstücke als Vorbereitung auf eine endgültige Überprüfung erstellt.

Algorithmen sind zudem in der Lage, aus einer Vielzahl von Dokumenten relevante Informationen zu extrahieren, um auf diese Weise den Arbeitsaufwand erheblich zu reduzieren. Auch die Sammlung von Daten für umfangreiche juristische Gutachten lässt sich mithilfe Künstlicher Intelligenz erheblich vereinfachen, was sich nicht zuletzt kostenmindernd und somit effizienzsteigernd auswirkt. Ebenso wird es vereinfacht, Massenklagen, etwa die bereits erwähnten von Fluggästen, äußerst zeitsparend zu bearbeiten.

Juristische Texte entstehen auf der Basis vorstrukturierter Algorithmen. Die Maschinenlesbarkeit von Daten eröffnet dabei völlig neue Möglichkeiten und ist überdies äußerst zeitsparend. Auch kritische Passagen innerhalb größerer Texte lassen sich wesentlich einfacher und rascher auffinden. Ebenso können Vertragsdokumente automatisch analysiert und auf kritische Stellen hin erkannt werden. Insgesamt gestaltet sich die Bearbeitung von juristischen Fällen also erheblich einfacher und zeitökonomischer. Inzwischen gibt es Unternehmen, die lediglich die digitale Zuarbeit leisten, um die Juristen erheblich zu unterstützen und Ablaufprozesse zu beschleunigen.

## 4.2   Der Einsatz Künstlicher Intelligenz im militärischen Bereich

Mithilfe Künstlicher Intelligenz sind beispielsweise Drohnen dazu in der Lage, eine automatische Gesichtserkennung zu ermöglichen und somit weltweit bestimmte Menschen zu verfolgen. Hinzu kommt außerdem ein weiterer Aspekt: Ferngesteuerte Drohnen können auf eine emotional distanzierte Weise menschliches Leben bedrohen und neue Gefahren schaffen. Durch solche autonomen Systeme entwickelt der Mensch ein Verhältnis zur Technologie, derer er sich bedient, das immer distanzierter, anonymisierter und damit auch ethisch fragwürdiger ist. Unabdingbar ist es daher, dass der Mensch die Kontrolle über Technik und Technologie behält. Anderenfalls hieße dies, dass die Künstliche Intelligenz die Macht an sich risse und Entscheidungen träfe, losgelöst von dem jeweils sie einsetzenden Menschen. Die autonome Kontrolle wäre damit nicht mehr gegeben.

Auch über soziale Medien können Daten erfasst werden – und damit durch Fehlinformationen viel leichter zu falschen Entscheidungen führen. Ebenso hinterlassen Fake News Folgen in der realen Welt, sofern sie zu Entscheidungen führen, die nicht mehr nachprüfbar sind. Cyberkriegshandlungen sind immer weniger nachvollziehbar, ihre Zuordnung wird so auch zusehends komplizierter. Die Grenzen zwischen Krieg und Frieden verwischen beständig weiter, da der Cyberkrieg viele Grauzonen umfasst. Die digitale und die physische Ebene werden zusehends weiter miteinander verquickt, was die Unüberschaubarkeit erhöht und durch die damit verbundene Komplexität falsche Entscheidungen zur Folge hat. Wir sind mit der digitalen Technik immer mehr verflochten. Insbesondere auch im militärischen Bereich stellen sich damit neue ethische Fragen.

## 4.3  Künstliche Intelligenz und Mustererkennung

Mithilfe Künstlicher Intelligenz können Informationen in einem riesigen Umfang gesichtet werden. Daraus lassen sich Muster erkennen und neue Erkenntnisse gewinnen. Die Auswertung der Daten schafft neue Einsichten und neue Möglichkeiten für die Erfassung der Lebensumstände. Durch die Künstliche Intelligenz wird sich unsere Gesellschaft immens verändern. Maschinelles Lernen erhält einen immer höheren Stellenwert und wird durch Künstliche Intelligenz hierbei unterstützt. Auf diese Weise lassen sich auch ganz neue Algorithmen entwickeln, die immer weiterführende Erkenntnisse ermöglichen. Durch Worterkennung kann ein Text sehr exakt analysiert werden, durch Sprachassistenten lässt sich das gesprochene Wort in Schrift übertragen.

Künstliche Intelligenz ist in allen Branchen zur Analyse und Optimierung von Abläufen einsetzbar. Ob es sich um Dienstleistungsbereiche handelt oder um Industrieproduktionen, überall kann Künstliche Intelligenz durch Datenanalyse Prozesse verbessern. Dabei können die Daten aus sehr unterschiedlichen Quellen herangezogen werden und lassen durch Koordination und Verknüpfung neue Gesetzmäßigkeiten erkennen. Hierbei geht es immer um Erkenntnisgewinn durch Datenanalyse. Daten werden aufbereitet und ausgewertet und aus unterschiedlichen Quellen zusammengeführt, wobei selbstoptimierende Programme die Analysearbeit erheblich erleichtern.

Wir haben es hier mit der sogenannten vierten industriellen Revolution zu tun, in der ganz unterschiedliche Bereiche ständig mehr miteinander vernetzt werden und dann auf der Grundlage von Datenanalyse völlig neue Gesichtspunkte erkennbar werden lassen. Auf diese Weise werden Algorithmen in die Lage versetzt, beständig dazuzulernen – und somit der weiteren Entwicklung dienlich zu sein. Interessant in diesem Zusammenhang ist, dass sich die Daten branchenunabhängig analysieren lassen und Analysemethoden sehr unkompliziert auf andere Branchen übertragbar sind.

Ein bekanntes Beispiel zur Mustererkennung ist der sogenannte Turing Test, benannt nach einem britischen Wissenschaftler, der diese Testvergleiche erstmalig anstellte. Bei diesem Test steht auf dem Prüfstand, ob sich ein von einem Menschen verfasster Text noch unterscheiden lässt von einem computerkreierten Text, wobei unterstellt wird, dass es sich um einen intelligenten Computer handelt. Ein Computer wird also dann als intelligent bezeichnet, wenn er sich in einem schriftlichen Austausch nicht mehr von einem Menschen unterscheiden lässt.

Beim Maschinenlernen werden Eingabedaten analysiert, anschließend werden sie zur Klassifizierung von neuem Input genutzt. Die generierten Algorithmen lassen sich so beständig weiterentwickeln und auf neue Dateneingaben einstellen. Muster werden also selbstständig erkannt und in neuen Situationen entsprechend angewendet. Die Frage, die sich dabei regelmäßig stellt, ist, ob sich maschinelles Denken mit menschlichem Denken vergleichen lässt. Dies wurde immer wieder in Zweifel gezogen, da das menschliche Denken Erfahrungen teilt und mit anderen Menschen und der Welt eng verbunden ist. Unsere Handlungen wirken auf uns zurück und unsere daraus gewonnenen Entscheidungen und Erfahrungen beeinflussen uns in unserem weiteren Denken. Diese Situation ist auf das maschinelle Denken nicht übertragbar. Die Vernetzung unseres Denkens ist derart komplex und vielfältig, dass es sich von maschinellem Denken nicht erreichen lässt. Auch unser Wissen über die Welt kann in seiner Komplexität nicht von intelligenten Robotern nachvollzogen werden. Denn dieses Hintergrundwissen ist bei unterschiedlichen Menschen sehr verschieden und kann von intelligenten Maschinen schlichtweg nicht einbezogen werden.

Unser Denkvermögen lässt sich durch Künstliche Intelligenz durchaus erheblich erweitern. Technische Hilfsmittel wie unser Handy stellen uns jederzeit eine Vielzahl von Informationen bereit, und das innerhalb kürzester Zeit. So werden unsere Entscheidungen vermutlich immer stärker von Künstlicher Intelligenz beeinflusst werden. Allein unser Smartphone gibt uns jederzeit ungeheure Datenmengen an die Hand. Die Einschätzung der Relevanz dieser Daten ist allerdings durchaus nicht immer ganz einfach, da die Fülle an Informationen auch eine Vielzahl von Entscheidungen zulässt. Zu bedenken ist zudem: Mentale Vorgänge können auch außerhalb unseres Gehirns stattfinden. Wir haben einen kollektiven Zugriff auf Informationen, die praktisch jedem zur Verfügung stehen. Diese Möglichkeit kann manche Menschen dazu verleiten, überheblich zu werden. Andere wiederum fühlen sich stark verunsichert, da sie nicht alle Informationsquellen nutzen.

Ist diese Entwicklung vielleicht auch in Richtung Transhumanismus vorstellbar? Können Computer möglicherweise einst die menschliche Intelligenz in allen Bereichen übersteigen? Dann nämlich wären sie in der Lage, ganz ohne den Einfluss des Menschen selbst neue Computer zu entwerfen, die dem Menschen weit überlegen sind. Es gibt sogar Überlegungen, die unterstellen, dass sich durch die Integration von Computermodulen in unserem Körper neue Fähigkeiten entwickeln lassen, die Mensch und Maschine eng verknüpfen. Es gäbe dann Menschen, die sich so Zugang zu neuen Möglichkeiten und Fähigkeiten verschaffen würden und sich auf dieser Grundlage in der Folge über andere Menschen erheben und Privilegien entwickeln könnten.

Künstliche Intelligenz erweist sich auch als überaus hilfreich in der medizinischen Diagnostik. Therapiemaßnahmen lassen sich wesentlich besser personalisieren und auch für Forschungs- und Entwicklungszwecke in der Pharma-Branche ist Künstliche Intelligenz von enormer Bedeutung. Die Datenfülle im medizinischen Bereich wird zunehmend umfangreicher. In diesem Zusammenhang trägt Künstliche Intelligenz ganz wesentlich dazu bei, Zusammenhänge auch bei großen Datenmengen zusehends besser zu erfassen. Denn je beträchtlicher die zur Verfügung stehenden Daten sind, desto umfassendere Analysen sind erforderlich, um diese zu verarbeiten. Und da immer mehr Daten zur Verfügung stehen und verarbeitet werden müssen, ist in der Medizin eine umfassende Datenanalyse unumgänglich, um insbesondere die Therapie individuell auf den einzelnen Patienten abstimmen zu können.

Die Gesundheitsbranche ist in einem Transformationsprozess begriffen, der in hohem Maße durch Künstliche Intelligenz vorangetrieben wird. In großen Datensätzen lassen sich Muster, die für spezifische Diagnosen ausschlaggebend und entscheidend sind, besser erkennen. Auch die Entwicklung von neuen Medikamenten kann auf diesem Wege enorm beschleunigt werden, da Künstliche Intelligenz die Analyse von komplexen Daten erheblich erleichtert. Ebenso erleichtern Sprachanalysen von Patienten, hieraus diagnostische Ableitungen exakter und unkomplizierter abzuleiten. Dabei eröffnen sich insbesondere in der Psychiatrie und Psychologie Anwendungsgebiete, deren Entwicklung noch an ihren Anfängen stehen. Patientenstimmungen und -strukturen lassen sich müheloser erfassen und ermöglichen diagnostische Ableitungen. So geben beispielsweise Sprachmelodie und Wortwahl umfassende Hinweise bei der Diagnose psychiatrischer Patienten. Mithilfe von Deep Learning-Prozessen können Diagnostik wie auch Therapie effizienter und rascher ermittelt und umgesetzt werden.

Auch die Entwicklung von Medikamenten geht mittels Künstlicher Intelligenz erheblich schneller vonstatten, erleichtert sie doch die Datenanalyse in ganz extremem Maße. Hier kann Künstliche Intelligenz sehr hilfreich sein. Wissenschaftliche Erkenntnisse belegen zudem, dass etwa 30 Prozent aller vermeidbaren Todesfälle auf Fehldiagnosen zurückzuführen sind. Ebenso unterstützt die Exaktheit der Bilderkennung die Diagnoseerstellung. Mithilfe von Künstlicher Intelligenz wird eine bessere Bildanalyse möglich, da mehr Daten einbezogen werden und die Bilderkennung entsprechend genauer wird. Auch der Einsatz von Operationsrobotern entwickelt sich zusehends weiter. Hier wird es sicher noch große Fortschritte geben, aber bereits die ersten Ansätze lassen hochinteressante Weiterentwicklungen für die Zukunft erwarten. Allerdings: Der persönliche Kontakt zum Arzt kann durch nichts ersetzt werden. Hilfen der Künstlichen Intelligenz können aber auch hier in fast allen Bereichen unterstützend wirken und Möglichkeiten in Diagnose und Therapie erheblich verbessern. Gerade die personalisierte Diagnose und Therapie bringen erhebliche Fortschritte mit sich.

## 4.4   Künstliche Intelligenz und Demokratie

Im Augenblick können wir eine enorme Machtkonzentration bei einigen wenigen Konzernen beobachten. Diese Machtkonzentration bedroht die freiheitlich-demokratische Grundordnung. Ursprünglich traten die Konzerne mit dem Anspruch auf, die Welt zu verbessern, um den Menschen vieles zu erleichtern. Allerdings schreiben die Digitalkonzerne ihre eigenen Gesetze, da die bestehende Gesetzgebung nicht ausreicht, um deren Strukturen zu erfassen und Einfluss darauf zu nehmen. Insofern sollte ein entsprechender Rechtsrahmen geschaffen werden, der den neu entstandenen Problematiken und Fragestellungen im Zuge des technologischen Fortschritts gerecht wird. Mit modernen Technologien wird Macht ausgeübt, die durchaus imstande ist, demokratische Grundordnungen zu beeinflussen. Wir haben es mit einer unkontrollierten Machtkonstellation zu tun, für die unsere Rechtsstaatlichkeit noch zu wenige Antworten gefunden hat.

Neben der Informationsmacht kommt zudem eine wirtschaftliche Macht hinzu: Die fünf größten Digitalunternehmen sind zugleich auch die wertvollsten und profitabelsten Unternehmen weltweit.

Es stellt sich auch die Frage, ob eine selbstlernende Künstliche Intelligenz unabhängig vom Menschen entstehen und auf ihn einen erheblichen Einfluss ausüben kann. Künstliche Intelligenz übertrumpft den Menschen mittlerweile in der Fähigkeit, Muster zu erkennen. Sogar Kunstwerke, also individuelle Schöpfungen, lassen sich inzwischen täuschend echt imitieren. Selbstlernende Algorithmen sind bereits jetzt dazu in der Lage, Prozesse und Situationen derart zu verändern, dass Menschen dies gar nicht mehr nachvollziehen können. Ursprünglich ist das Internet mit dem Versprechen angetreten, den Austausch aller mit allen zu vereinfachen und zu beschleunigen. Die eigentlichen Ziele werden dabei allerdings häufig verschleiert, nämlich das Streben nach Profitmaximierung und Machtkonzentration.

Es sind aber auch Prozesse denkbar, dass Mensch und Maschine immer enger zusammenwachsen und schließlich eine Einheit bilden. Die gesellschaftlichen Auswirkungen hierzu sind noch überhaupt nicht vorstellbar, geschweige denn zu antizipieren. Wird es vielleicht möglich sein, die biologische Evolution durch Künstliche Intelligenz zu beschleunigen und neu zu gestalten? Die besten Prozesse werden jeweils dann in Gang gesetzt, wenn die Realität im Dialog austariert wird. Unsere Öffentlichkeit läuft jedoch Gefahr, durch das Internet immer weiter beeinflusst zu werden, und zwar derart, dass einige wenige einen übersteigerten Einfluss gewinnen. Fake News können unser Leben bestimmen, da sie sich im Internet auf einfache Art in die Welt setzen und verbreiten lassen. Fotos und Videos sind manipulierbar, ohne dass dies überhaupt erkennbar ist. Eine tatsachenfreie Meinungsbildung wird auf diese Weise möglich.

Unsere digitale Zukunft muss demnach also eingebunden werden in demokratische Prozesse, um Fehlentwicklungen entgegenzusteuern. Künstliche Intelligenz mit ihren Möglichkeiten und Implikationen ist gesetzlichen Regelungen zu unterwerfen, da die Sicherung der Menschenrechte sonst nicht mehr gewährleistet ist. Die Machtstrukturen der digitalen Konzerne müssen transparenter und nachvollziehbarer werden, Politik und Demokratie haben ihren Einfluss geltend zu machen, um die Menschenwürde zu sichern. Auf der einen Seite wird unser Leben durch digitale Konzerne erheblich vereinfacht und beschleunigt, auf der anderen Seite sind wir über unsere Daten, die wir im Netz überall preisgeben, Einflüssen ausgesetzt, die wir nicht mehr überschauen können. Von daher müssten an dieser Stelle demokratische Prinzipien eingeführt werden, die unsere menschliche Selbstbestimmung gewährleisten. Auch unser Rechtssystem erfordert Weiterentwicklungen, da wir es mit völlig neuen Situationen zu tun haben, die es bisher in unserer Geschichte nicht gegeben hat. Unsere menschliche Intelligenz muss die Künstliche Intelligenz integrieren; keinesfalls aber darf sie sich von ihr manipulieren lassen.

Die künstliche Intelligenz wird in allen Wissenschafts- und Wirtschaftszweigen immer wichtiger. Zukünftig wird die künstliche Intelligenz auch bei allen Fertigungsprozessen eine immer größere Rolle spielen. Nicht die Technik ist allein entscheidend für den Erfolg, sondern immer wichtiger wird die Software und die dabei verwandte KI. Neue Verfahren in der Mustererkennung sowie Fortschritte in der Innovation lassen sich durch künstliche Intelligenz enorm fördern.

Die Arbeitswelt wird durch künstliche Intelligenz erheblich verändert. Sprachassistenten, Auswertung von Finanzdaten oder Auswertung von Röntgenbildern sind nur einige Beispiele des erfolgreichen Einsatzes der künstlichen Intelligenz.

Weltweite Konzerne setzen die künstliche Intelligenz bereits intensiv ein und sind damit sehr erfolgreich. Gerade in einer globalisierten Wirtschaft muss Deutschland mit seinem starken Mittelstandsfokus die Anwendung der KI vergrößern, um nicht von anderen Ländern abhängig zu werden.

Auch die digitale Souveränität muss immer mehr im Vordergrund stehen. Jeder Wandel muss durch Selbstbestimmung begleitet werden, da die Komplexität und Undurchschaubarkeit immer größer werden und gerade im globalen Wettbewerb ethische Regeln eingehalten werden müssen.

Insbesondere die grenzenlose Nutzung persönlicher Daten erfordert viel Einsicht in den verantwortlichen Umgang mit dem Datenschutz. Hier müssen gesetzliche und ethische Prinzipien Eingang finden und auch Unternehmen müssen mehr digitale Verantwortung zeigen. Es muss ein gutes Verhältnis hergestellt werden zwischen den ungeahnten neuen Möglichkeiten der künstlichen Intelligenz und den ethischen Anforderungen an den Datenschutz.

Immer mehr Menschen haben auch das Gefühl, dass ihnen die Übersicht in einer immer komplexer werdenden Welt entgleitet. Reizüberflutung wird zum zentralen Erlebnis, da wir jederzeit alle Informationen abrufen können und auch ständig neue Begriffe entstehen. Einerseits haben wir das Gefühl, dass wir die Welt immer besser verstehen können, andererseits führt die Informationsflut zur Undurchschaubarkeit.

Unsere Aufmerksamkeit ist auf der einen Seite begrenzt, auf der anderen Seite steht das Weltwissen praktisch überall zur Verfügung. Dies kann schnell zu Überforderungen führen. Unser Handy wird täglich circa 80 Mal entsperrt, dies zeigt die Fülle der möglichen Informationszugänge an und die ständige Kontaktbereitschaft. Die hohe Informationsdichte kann eine tiefere Verarbeitung verhindern und unser Gedächtnis kann immer stärker eingeschränkt werden. Selektive Aufmerksamkeitssteuerung ist hier vielleicht ein Lösungsweg, nämlich eine Vertiefung der geistigen Durchdringung durch Informationspausen und Möglichkeiten zum Abschalten.

Informations- und Reizüberflutung führen zu Entscheidungsproblemen, die nicht zur besten Lösung führen. Wir können die Fülle an Informationen nicht mehr verarbeiten und vergessen dabei, dass unsere Möglichkeiten als Mensch begrenzt sind. Wir müssen uns immer mehr Ruhepausen gönnen, um die Übersicht zu behalten und die übermäßige Fülle an Informationen richtig zu selektieren.

Auch die nächste Welle der Digitalisierung wird uns erreichen, nämlich die direkte Verbindung des Gehirns mit dem Computer. Geräte lassen sich dadurch allein mit unseren Gedanken steuern. Die ersten Versuche sind bereits gelungen.

**Virtuelle Welten**

Wird es demnächst künstliche Parallelwelten geben, die die Weiterentwicklung des Internets darstellen?

Viele Menschen verbringen bereits einen Großteil ihrer Zeit über soziale Netzwerke, Streaming Dienste, Online-Plattformen und virtuelle Spiele. Es wird bereits von einem zweiten Leben im Netz gesprochen, von einem virtuellen Leben, das so echt wirkt wie das reale.

In einer simulierten Welt könnte ein zweites virtuelles Leben aufgebaut werden. Ein neues „Metaversum" könnte einen weiteren Schritt in eine neue Realität führen. Mit speziellen Brillen kann diese Realität simuliert und weiter perfektioniert werden. Allerdings sind diese Brillen zum Teil noch unbequem und gute Internetverbindungen sind bei weitem noch nicht überall möglich. Auch massive soziale Probleme können durch neue virtuelle Realitäten entstehen, da echte menschliche Beziehungen durch nichts zu ersetzen sind.

Bei richtigem Umgang mit den neuen virtuellen Realitäten kann der menschliche Erfahrungsbereich allerdings auch im positiven Bereich erheblich erweitert werden. Mithilfe von Algorithmen können alle unsere Aktivitäten im Internet erkannt und festgehalten werden. Über neuronale Netzwerke können Kommunikationsstrukturen schnell durchschaut werden und die Persönlichkeit des Kommunikationsteilnehmers kann intensiv analysiert werden. Jede Informationssuche wird aufgezeichnet und ausgewertet. In China gibt es zum Beispiel soziale Kreditsysteme, mit denen alles bewertet wird. Für angepasstes Verhalten gibt es verschiedene Belohnungssysteme.

Daten werden auch bei uns in unendlichem Umfang gesammelt, ohne dass der Betroffene davon weiß. Was mit den Daten geschieht, ist völlig unklar, obwohl immer wieder von einem fairen Umgang mit den Daten gesprochen wird. Daten können aber auch an unbekannte Dritte weitergegeben werden, die sie auf ihre Art auswerten. Die meisten Menschen wären aber auch nicht bereit, dafür etwas zu bezahlen, dass ihre Daten nicht weitergeleitet werden.

Mit der Erfassung der Daten begeben wir uns in kommerzielle und staatliche Abhängigkeiten, die wir kaum durchschauen können. Es besteht dabei die Gefahr, dass wir die Kontrolle über unsere Freiheiten, die wir uns als Internetnutzer bewahren möchten, verlieren. Zur Lebensqualität gehören jedoch auch die Selbstständigkeit und freiheitliches Denken. Die Steigerung unserer digitalen Kompetenz könnte uns hier Hilfe bieten. Im Wege steht uns aber unsere Bequemlichkeit, deren negative Auswirkungen erst andeutungsweise durchschaut werden. Jede wichtige Datensammlung müsste durchsichtig werden, um unseren Wunsch nach Freiheit und Lebensqualität nicht zu beeinträchtigen. Unsere Welt wird zwar immer komplexer, dies darf aber nicht dazu führen, dass Menschen immer leichter manipulierbar werden. Unsere demokratischen und rechtlichen Systeme müssen an die neuen Gegebenheiten angepasst werden, damit die Selbstständigkeit des einzelnen Menschen bewahrt werden kann.

**Wie wird sich das Internet mit künstlicher Intelligenz weiterentwickeln?**
* Die Privatheit wird eine immer größere Rolle spielen.
* Die Leichtigkeit, mit der wir Daten erfassen können, kann zu einer missbräuchlichen Nutzung führen
* Der Zugang zur digitalen Welt kann immer mehr kontrolliert werden. Deswegen sollten Kontrollinstanzen geschaffen werden, die die persönliche Freiheit jedes einzelnen Menschen in den Vordergrund stellen.
* Unsere Realität wird umfassender, da wir auf unglaublich viele Informationen gleichzeitig zugreifen können. Das Internet der Zukunft wird auch immer mehr mit unserem Körper verbunden sein und wir können dann schneller und einfacher unseren Wahrnehmungsbereich vergrößern. Statt auf unser Smartphone zu schauen, werden wir alle Informationen zukünftig durch eine Augmented-Reality-Brille wahrnehmen. Die Informationen des Internets werden uns noch einfacher zugänglich gemacht werden. Die nächste Internetrevolution wird eine digitale Parallelwelt schaffen, die unser Wahrnehmungsvermögen und unsere Sichtweisen erheblich erweitern. Neben der Real-Welt, die wir direkt vor uns sehen, können wir dann immer auch eine Parallelwelt wahrnehmen, die uns das Internet vermittelt. Wir sprechen hier auch von einem „Metaverse". Eine virtuelle Realität ist dann parallel zur eigentlichen Realität wahrnehmbar.

- Es kann aber auch sein, dass unser Leben immer mehr außer Kontrolle gerät. Die ständige Verfügbarkeit von Informationen kann durch einen permanenten Wahlzwang zu einem Kontrollverlust führen, der das Wutpotential steigert. Neben dem scheinbaren Machtzuwachs entsteht ein Ohnmachtsgefühl der Überforderung.

## Literatur

Herder, J. G. (2017). *Ideen zur Philosophie der Geschichte der Menschheit.* Herausgegeben von K.-M. Guth. Hofenberg.

Meckel, M. (12. April 2018). Der Spion in meinem Kopf. *Die Zeit, 16.* https://www.zeit.de/2018/16/brainhacking-gehirn-kopf-konzerne-miriam-meckel. Zugegriffen am 04.04.2022.

# 5

# Künstliche Intelligenz und menschliche Intelligenz

Worin unterscheidet sich menschliche Intelligenz von Künstlicher Intelligenz? Wie mehrfach ausgeführt, kann die Künstliche Intelligenz der menschlichen Intelligenz in Teilgebieten zwar überlegen sein und diese in staunenswerter Weise überbieten. Die komplexen Formen und Ausprägungen der menschlichen Intelligenz hingegen sind mittels Künstlicher Intelligenz kaum abbildbar, da sich die Abläufe im menschlichen Gehirn nur schwerlich nachvollziehen lassen. Viele menschliche Entscheidungen verlaufen überdies unbewusst. Insofern ist auch nur schwer erkennbar, welche Aspekte dabei im Einzelnen mit einbezogen sind. Menschliche Intelligenz besteht aus dem Zusammenwirken vieler, äußerst unterschiedlicher Abläufe, die eng miteinander verknüpft sein können. Eine „richtige" menschliche Entscheidung lässt sich durch rein rationale Analyse nicht immer, und nur selten exakt nachvollziehen. So spielt bei menschlichen Entscheidungen der Aspekt der Langfristigkeit eine große Rolle. Auch verschiedene Facetten menschlicher Intelligenz, etwa die sprachliche Intelligenz, die mathematische Intelligenz und die musikalische Intelligenz, sind häufig miteinander verknüpft; eine Begründung hierfür lässt sich nur äußerst schwer finden.

Künstliche Intelligenz ist ein Konstrukt aus Mathematik und Informatik. Emotionale und unbewusste Aspekte werden also weitgehend ausgeblendet, da mathematisch kaum abbildbar. Zwar sind Muster und Regelmäßigkeiten mittels Künstlicher Intelligenz rasch zu identifizieren, übergeordnete Aspekte der menschlichen Intelligenz bleiben dabei aber weitgehend unberücksichtigt.

## 5.1    Künstliche Intelligenz und veränderte Berufswelt

Automatisierung und Digitalisierung werden die Arbeitswelt verändern. Viele Berufe werden verschwinden, viele Berufe werden aber auch neu entstehen. Routinetätigkeiten werden durch Künstliche Intelligenz immer weiter ersetzt werden und auch die Art der beruflichen Tätigkeit an sich wird nachhaltigen Veränderungen ausgesetzt sein. Es wird weniger darum gehen, einen bestimmten Beruf zu erlernen, als vielmehr um die Aneignung umfassender Tätigkeiten, die es gestatten, in ganz unterschiedlichen Bereichen aktiv zu sein. Ein Beispiel: Ein Techniker wird zugleich Informatiker, Kommunikationsexperte und Handwerker sein. Die Berufe, in denen sich die Tätigkeitsbereiche überschneiden, nehmen kontinuierlich zu. Körperliche Tätigkeiten und Routinearbeiten hingegen werden zusehends weiter wegfallen, da Maschinen und Computer diese Tätigkeiten übernehmen. Die Ausbildungswege werden immer vielfältiger werden und immer umfassendere Fähigkeiten auf ganz unterschiedlichen Gebieten werden erforderlich sein. Technische und digitale Kenntnisse gehören in der Zukunft zum grundlegenden Repertoire der Beschäftigten, beispielsweise bei der Datenanalyse in verschiedensten Ausprägungen.

Zugleich werden aber auch soziale und emotionale Kompetenzen eine immer wichtigere Rolle spielen, da alle beruflichen Tätigkeiten auf menschlicher Kommunikation beruhen und diese Grundlage nicht verlieren dürfen. Andernfalls würde die Unzufriedenheit zunehmen. Auch die Sozialsysteme werden einem Wandel unterworfen sein, da der unmittelbare menschliche Austausch kontinuierlich immer weiter zurückgeht. Die Arbeitswelt wird ständig mobiler und virtueller werden. Möglicherweise entsteht allmählich ein kollektiver virtueller Raum, in dem befristete Tätigkeiten in sehr unterschiedlichen Bereichen stattfinden können. Insofern werden gerade das menschliche Einfühlungsvermögen und die Kreativität in einer neuen Arbeitswelt zunehmend wichtig, da der direkte menschliche Kontakt zurückgeht und die Kommunikation virtuell abläuft.

Im Gegensatz dazu sind aber die menschlichen Bedürfnisse stark auf die direkte Kommunikation ausgerichtet, denn nur so werden emotionale Rückmeldung und soziale Bestätigung erfahrbar. Solche realen Feedbacks sind grundsätzlich viel intensiver und nachhaltiger als eine virtuelle Bestätigung. Es ist sogar denkbar, dass dem menschlichen Einfühlungsvermögen ein derart hoher Stellenwert beigemessen wird, dass es einer digitalen Ausbildung gleichgestellt wird. Berufsbilder lassen sich nie loslösen von grundsätzlichen menschlichen Bedürfnissen, da diese die Grundlage der Motivation bilden.

Gerade bei vermehrt technischen und digitalen Tätigkeiten wird der persönliche zwischenmenschliche Kontakt eine immer wesentlichere Rolle spielen. Homeoffice und Videokonferenzen können zwar viele Arbeiten erleichtern und beschleunigen, zugleich dürfen wir aber nie die grundsätzlichen menschlichen Bedürfnisse aus den Augen verlieren – und eine hiervon ist beispielsweise die Vermeidung von Einsamkeit.

Wir sehnen uns manchmal einfach nur nach jemandem, der uns Gesellschaft leistet, uns als Mensch wahrnimmt und bereit ist, sich mit uns auszutauschen. Die zunehmende Versachlichung der Arbeit führt zu einer mangelnden Befriedigung menschlicher Bedürfnisse. Vielleicht könnte hier sogar auch ein neues Berufsbild entstehen, das lediglich aus dem „Gesellschaft-Leisten" besteht. Derzeit ist solch eine Vision für uns noch kaum vorstellbar, wenn wir aber die Entwicklung der Arbeitsprozesse in die Zukunft projizieren, ist unschwer zu erkennen, dass die Digitalisierung der Arbeitswelt die persönlichen Bedürfnisse häufig unbefriedigt lassen wird. Der Mangel an direktem zwischenmenschlichen Austausch ließe sich zum Beispiel durch Weiterbildung im Rahmen unmittelbarer menschlicher Kontakte ausgleichen. Es ist sogar vorstellbar, dass neue Berufsbilder entstehen, die ausschließlich auf die Befriedigung sozialer Bedürfnisse ausgerichtet sind. Das, was wir derzeit noch als bei-

läufige menschliche Erfahrung im Rahmen unterschiedlicher Berufsaus-
übungen wahrnehmen, könnte – zumindest phasenweise – zentral in den
Fokus rücken.

Mit der Künstlichen Intelligenz werden teilweise unsere ethischen
Prinzipien infrage gestellt. Wir müssen neue Sichtweisen und neue Gesetze entwickeln, um die durch die Künstliche Intelligenz veränderte Situation ethisch und menschengerecht zu gestalten. Falschnachrichten
und Desinformationen lassen sich über das Internet mit Leichtigkeit verbreiten, ohne dass wir diese auf Anhieb als unkorrekt erkennen. Der Einsatz der Künstlichen Intelligenz bringt unabdingbar gesellschaftliche
Umbrüche mit sich, bei denen unser bestehendes Rechtssystem bisher
nur unzureichend greift. Es ist daher erforderlich und unumgänglich,
dieses weiterzuentwickeln und an neue Frage- und Problemstellungen
anzupassen.

Da zukünftig alle Lebensbereiche von der Künstlichen Intelligenz betroffen sein werden, gilt es, immer deutlicher herausarbeiten, an welcher
Stelle und in welchen Zusammenhängen Menschen Schaden zugefügt
werden kann oder die Autonomie des Menschen eingeschränkt wird,
ohne dass er es überhaupt bemerkt. Wenn Maschinen in der Lage sind,
autonome Entscheidungen zu treffen, steigt automatisch die Gefahr einer
Bevormundung und unzulässigen Beeinflussung durch solche Technologien. Bei steigender Anwendung – und damit auch Einflussnahme –
der Künstlichen Intelligenz werden die Ergebnisse nicht mehr nachvollziehbar sein, was nichts anderes als einen Kontrollverlust über unser
Handeln bedeutet. An dieser Schnittstelle sind Ethik und Philosophie in
noch weitaus stärkerem Maße als bisher gefragt und aufgerufen, die Implikationen Künstlicher Intelligenz gedanklich zu durchdringen und, so-
weit erforderlich, einzuhegen, um die Kontrolle zu behalten.

Unsere Rechts- und Wertvorstellungen sind von zentraler Bedeutung,
damit wir uns nicht der Komplexität und Undurchschaubarkeit techno-
logischer Systeme ausliefern und damit zulassen, dass sie Macht über uns
gewinnen. Menschenwürde, Freiheit, Gleichheit und Rechtsstaatlichkeit
müssen bei allem Handeln immer im Zentrum stehen und dürfen nicht
aufgrund der Komplexität dieser Technologie in den Hintergrund geraten. Es gilt: Alles, was dem Menschen schadet, ist zu verhindern, ohne
dabei zugleich Weiterentwicklungen zu blockieren. Zur Gefahr können

Technologien, die sich autonom aktivieren und selbstständig verbessern, immer dann werden, wenn die menschlichen ethischen Grundlagen außer Acht gelassen werden. Unser Leben wird mithilfe Künstlicher Intelligenz zwar einerseits enorm vereinfacht, bequemer und effizienter, zugleich werden aber häufig ethische Gesichtspunkte nicht genügend berücksichtigt.

Der Künstlichen Intelligenz stehen ungeheure Datenmengen zur Verfügung, die der einzelne Mensch nur noch schwerlich analysieren könnte. Zwar werden vom Menschen Algorithmen und Kriterien vorgegeben, das Ergebnis ist aber längst nicht mehr in jedem Falle nachvollziehbar. Durch Versuch und Irrtum werden zuweilen Wege beschritten, deren Ergebnis außerhalb des vernünftigen Denkens liegt. Statistische Zusammenhänge stehen nicht selten im Vordergrund, sodass die Einschätzung der Prioritäten allzu leicht in den Hintergrund zu geraten droht. Dies hat nichts anderes als eine Verzerrung der Wirklichkeit zur Folge. Zwar gibt es durchaus Bereiche, in denen uns die Künstliche Intelligenz haushoch überlegen ist, etwa bei der statistischen Auswertung oder in der Gedächtnisleistung. In anderen Bereichen weist sie aber erhebliche Mängel auf, und zwar immer dann, wenn es um Implikationen im emotionalen Bereich, beim Einfühlungsvermögen oder im Zusammenhang mit der Intuition geht.

Eine große Fragestellung ist, wie wir der Künstlichen Intelligenz überhaupt ethische Prinzipien „beibringen" können. In Teilbereichen wird dies fraglos möglich sein, in vielen anderen Bereichen aber ist die menschliche Intelligenz viel umfassender und auch komplexer – und damit der Künstlichen Intelligenz auch überlegen. Die Gewährleistung der Privatsphäre ist ein weiterer wichtiger, zentraler Bereich, der nicht nur, aber nicht zuletzt auch in hohem Maße zur Lebensqualität beiträgt. Sollte dies nicht mehr garantiert werden können, da Künstliche Intelligenz in zunehmendem Maße undurchschaubarer wird, sind der Mensch und die Gesellschaft gefragt, Lösungen dafür zu finden, wie die Erhaltung der Autonomie des Menschen weiterhin gewährleistet werden kann. Die Generierung wirtschaftlicher Unternehmenserfolge rechtfertigt den Einsatz Künstlicher Intelligenz und ist durchaus akzeptabel und willkommen. Demgegenüber steht jedoch der Anspruch der Erhaltung der Lebensqualität, da der Lebenssinn immer auch mit der Frage nach dem autonomen Handeln verknüpft ist. Privatsphäre, Datenschutz und demokratisches Handeln bei Wahrung aller Grundrechte des Menschen sind die zentralen Parameter, die es unumstößlich einzuhalten gilt.

Im Laufe der Geschichte hat sich immer wieder gezeigt, dass Macht und Einfluss, sobald sie auf einige wenige konzentriert sind, die Gefahr von Machtmissbrauch mit sich bringen und noch jedes Mal großen Schaden angerichtet haben. Zwar müssen Anreize zur Weiterentwicklung, auch im Rahmen der Künstlichen Intelligenz, gegeben sein, die soeben angesprochenen ethischen Prinzipien dürfen aber zu keinem Zeitpunkt infrage gestellt oder gar ausgehebelt werden. Wie auch immer sich die Entwicklungsstadien der Künstlichen Intelligenz in der kommenden Zeit vollziehen – die Wahrung der Grundrechte und Menschenwürde muss stets unhinterfragt Leitlinie allen Handelns bleiben. Sozialen Wandel hat es in der Menschheitsgeschichte immer gegeben, ethische Rahmenrichtlinien müssen dabei aber immer Voraussetzung für alle Entwicklungen bleiben.

Zwar gibt es eine Reihe von Unternehmen, die ethische Prinzipien in den Vordergrund stellen – die Umsetzung dieser Prinzipien bleibt dabei aber unterentwickelt. Rasche technologische Fortschritte sind – zumal in ihren Auswirkungen – nicht immer vorhersehbar, und schon gar nicht kalkulierbar. Insofern müssen Fragen des Rechts und der Ethik stets weiterentwickelt werden, um adäquat auf die jeweils aktuellen Herausforderungen und Problemkreise antworten zu können. Auch gilt es immer, die ethischen Aussagen einzelner Unternehmen auf den Prüfstand zu stellen. Denn oftmals dienen sie lediglich den eigenen Interessen und damit der eigenen Öffentlichkeitsarbeit und Außendarstellung, um ein positives Erscheinungsbild im aktuellen gesellschaftlichen Diskurs abzubilden. Diese ethischen Ansätze sind zunächst einmal zweifellos gutzuheißen, der Blick muss aber auch darauf gerichtet sein, ob diese ethischen Zielsetzungen tatsächlich und nachvollziehbar umgesetzt werden – also nicht reine Lippenbekenntnisse sind und bleiben.

In diesem Zusammenhang sind wahrscheinlich gesetzliche Vorgaben und ein rechtlicher Rahmen die wirksamsten Mittel, um ethische Prinzipien durchzusetzen. Eine ergänzende, weitere wichtige Möglichkeit, Einfluss auf die Entwicklung der Künstlichen Intelligenz zu nehmen, sind eigene Aktivitäten von Verantwortlichen in diesem Bereich, also ihre

Bereitschaft zu erheblichen Investitionen und zur Förderung neuer Methodenentwicklungen im Bereich der Künstlichen Intelligenz.

\* \* \*

Immanuel Kant (1724–1804) zufolge besteht die höchste Form der Ethik in einem guten Willen. Dieser gute Wille ist einem objektiven Moralgesetz unterworfen. Einzig Freiheit und Autonomie des eigenen Willens bestimmen die Menschenwürde. Sobald durch Künstliche Intelligenz die Autonomie des eigenen Willens eingeschränkt wird, wird automatisch auch die Möglichkeit zu ethischem Handeln beschnitten (Kant, 1986).

Kants Moralphilosophie hat weltweit einen starken Einfluss entfaltet, der bis in unsere heutige Zeit hineinwirkt. Für Kant muss die ethische und moralische Haltung aus der Vernunft heraus erwachsen. Ein wichtiges Prinzip des ethischen Handelns ist der kategorische Imperativ, der besagt: „Handle stets so, dass die Maxime deines Willens jederzeit zugleich als Prinzip einer allgemeinen Gesetzgebung gelten könnte." Geht es nach dem Philosophen, ist dieses Gesetz immer und überall einzuhalten.

Moralisches Handeln setzt Willensfreiheit voraus, die unabhängig von der Sinnenwelt ist. Wir können nur dann moralisch verantwortlich handeln, wenn wir die Freiheit haben, unseren Willen dem kategorischen Imperativ entsprechend auszurichten. Die Willensfreiheit erst ermöglicht also Kant zufolge ethisches Handeln, insofern kommt ihr diese immense Bedeutung zu. Verlieren wir diese Willensfreiheit durch Digitalisierung und Künstliche Intelligenz, wird moralisches Handeln grundlegend erschwert und ist mitunter gar zur Disposition gestellt. Nach Kant gibt es demnach ein objektives Moralgesetz, dass uns dazu verpflichtet, die Maximen unseres Willens so zu wählen, dass sie zugleich auch eine allgemeine Gesetzgebung darstellen könnten. Er versucht also, die Ethik aus der menschlichen Vernunft abzuleiten. Dies ist aber nur möglich, wenn der Mensch über weitgehende Freiheit und Autarkie verfügt.

Die menschliche Freiheit kann jedoch infolge von Digitalisierung und Künstlicher Intelligenz eingeschränkt werden. Unsere Fähigkeit, die Welt zu erkennen, wird durch unseren Denkapparat begrenzt. Die Entscheidung zu ethischem Handeln wird aber eben gerade durch unsere Vernunft und unseren Willen bestimmt. Ergo können wir nur dann moralisch handeln, wenn wir unsere Vernunft und unseren freien Willen einsetzen. Immer dann, wenn der freie Wille durch übergroße Komplexität oder Undurchschaubarkeit beeinflusst wird, wird auch unser ethisches Verhalten beeinträchtigt. Von daher ist es im Zusammenhang mit der weiteren Entwicklung der Künstlichen Intelligenz wesentlich und zentral, immer dann, wenn es um unser ethisches Verhalten geht, den freien Willen in den Fokus zu nehmen.

Kant sah drei Fragen für den Menschen als grundlegend an: Was kann ich wissen? Was soll ich tun? Was darf ich hoffen? In diesen Fragen spiegeln sich die Möglichkeiten und Grenzen der menschlichen Erkenntnisfähigkeit. Eine wichtige Leitlinie für das Verhalten stellt dabei der kategorische Imperativ dar, der zu einer der berühmtesten Formeln der Moralphilosophie wurde. Auch Künstliche Intelligenz sollte daran Maß nehmen, da sie nur dann eine ethische Entwicklung einschlagen kann.

\* \* \*

Mit der Künstlichen Intelligenz und den damit verbundenen lernenden Algorithmen werden große Bereiche der Wirtschaft revolutioniert. Die Chancen dieser Schlüsseltechnologie müssen dabei im Vordergrund stehen, wobei selbstverständlich die Risiken nicht ausgeblendet werden dürfen. Die Verhältnismäßigkeit von Chancen und Risiken darf nie aus dem Blick geraten, dennoch entstehen Blockierungen in der Entwicklung immer wieder durch eine zu starke Fokussierung auf die negativen Seiten.

Viele Start-ups zum Thema Künstliche Intelligenz lassen sich nur realisieren, wenn sie Unterstützung vonseiten optimistischer Investoren finden. Auch der Gang in die Cloud erleichtert vielen Unternehmen eine Neugründung. Investitionen in Start-ups rund um das Thema Künstliche Intelligenz haben sich in den letzten Jahren enorm gesteigert. Unternehmensabläufe lassen sich durch Künstliche Intelligenz immer besser abbilden, Fehler werden leichter und rascher erkannt, Daten können zunehmend besser automatisch aktualisiert werden, sodass damit eine enorme Zeitersparnis einhergeht.

In unserer modernen Gesellschaft wird Einsamkeit zu einem zunehmenden Problem, die Corona-Pandemie hat dieses Phänomen noch weiter verstärkt. Einsam fühlen sich im Durchschnitt 10 Prozent der Menschen in Deutschland, Einsamkeit wird von manchen Forschenden sogar als Krankheit bezeichnet, die den Lebensbereich einschränkt. Für andere ist Einsamkeit hingegen ein normales menschliches Gefühl, dem jeder Mensch zeitweise ausgesetzt ist. Einig ist sich der überwiegende Teil der Wissenschaft aber darin, dass sich Einsamkeit in vielen Fällen schädlich auswirkt. Wer einsam ist, erlebt beispielsweise mehr Stress und hat häufiger Bluthochdruck oder Stoffwechselstörungen. Zwischen 10 und 20 Prozent aller auftretenden Depressionen führen Wissenschaftler inzwischen auf Einsamkeit zurück (Luhmann, 2021).

In Deutschland gibt es circa 18 Millionen Single-Haushalte, die potenziell eine größere Wahrscheinlichkeit haben, unter Einsamkeit zu leiden. Natürlich gibt es auch alleinlebende Menschen, die völlig zufrieden sind und ihren Status als entspannt erleben. Einsame Menschen haben allerdings häufig mit Gesundheitsproblemen zu tun. Wer sich einsam fühlt, ist in der Regel unzufriedener. Mittlerweile gibt es eine ganze Reihe von Methoden, um einsame Menschen zusammenzubringen. Hier wären beispielsweise Initiativen zu nennen, die zu Fenstergesprächen stimulieren oder aber zu Telefonaten anregen, um sich auszutauschen. Zudem ist es entlastend, wenn man über seine Einsamkeit sprechen kann.

Wie nun aber hängt Einsamkeit mit Künstlicher Intelligenz zusammen? Zunehmende Digitalisierung führt unweigerlich zur Einschränkung direkter menschlicher Kontakte. Der direkte zwischenmenschliche Austausch wird eingeschränkter, da Menschen schnell und einfach kommunizieren möchten ohne direkten unmittelbaren Kontakt. Auch selbstlernende Computer und Maschinen führen dazu, dass menschliche Kontakte ersetzt werden.

Auf der anderen Seite ist aber auch zu sehen, dass sich infolge der Digitalisierung die Kontaktmöglichkeiten einfacher herstellen lassen und Menschen rascher und unkomplizierter miteinander in Verbindung treten. Das Handy haben die meisten Menschen – inzwischen – immer dabei. Damit ist die Möglichkeit gegeben, zu einer Vielzahl von Mitmenschen Kontakt aufzunehmen. Diese Unkompliziertheit hat aber auch Schattenseiten. Denn die digitalen Kontakte können durchaus dazu führen, dass unmittelbare menschliche Kontakte unterbleiben. Die Einsamkeit kann dann also sogar noch intensivier erlebt werden, da besondere Gefühle der Nähe nur durch direkten Kontakt ausgelöst werden.

*   *   *

Georg Friedrich Wilhelm Hegel (1770–1831) gehört zu den wichtigsten und einflussreichsten Philosophen des deutschen Idealismus. Ihm geht es vor allem um die verschiedenen Erscheinungsformen des menschlichen Geistes wie Wahrnehmung, Verstand, Bewusstsein, Selbstbewusstsein, Vernunft und Wissen. Seine Methode des Erkenntnisgewinns ist die Dialektik, die sich in drei Schritten vollzieht: von der These über die Antithese hin zur Synthese. Die Dialektik ist aber nicht nur eine Denkmethode, sondern die Realität gehorcht dieser Dialektik (Hegel, 1986).

Hegel untersucht, wie unser Bewusstsein Wissen und Erkenntnis erlangt. Zunächst konzentrieren wir uns auf das rein sinnliche Wissen, darüber hinaus müssen wir aber zu anderen Erkenntnisebenen gelangen. Nur durch die Verneinung des Wissens können wir zu einer tieferen Erkenntnis vordringen. Unser Verstand operiert mit Begriffen, die die Vielheit der Gegenstände zuordnet. Dabei blickt er sozusagen hinter die sinnliche Welt. So erschließen wir die Schwerkraft aus unseren Beobachtungen. Nach Hegel wird unsere Welt nicht durch die einzelnen Erscheinungen, sondern durch unseren Verstand bestimmt. Der Erkenntnisprozess ist daher abhängig von den eingeschränkten Möglichkeiten unserer geistigen Fähigkeiten, die Wirklichkeit wird zur Schöpfung unseres Ichs.

Künstliche Intelligenz erweitert unsere Analyse- und Wahrnehmungsfähigkeiten. Aus einer Vielzahl von Daten können wir Strukturen abbilden und Erkenntnisse gewinnen. Zugleich zeigt uns die Philosophie aber auch, dass unsere Wahrnehmungsfähigkeiten begrenzt sind. Wir können die Dinge und ihre Strukturen immer nur bis zu einem gewissen Grad erkennen und durchschauen. Unsere geistigen Möglichkeiten geben uns stets nur einen Ausschnitt der Realität wieder. Wir entwickeln uns zwar ständig weiter, zugleich stoßen wir aber immer wieder an Grenzen.

Mit der Künstlichen Intelligenz können wir also zwar unser Bewusstsein erweitern, zugleich sind wir aber nicht dazu in der Lage, alles zu durchschauen.

Philosophen wie Hegel weisen uns immer wieder darauf hin, dass unser Erkenntnisvermögen eingeschränkt, begrenzt ist und wir deshalb unsere Erkenntnisebenen stets als vorläufig betrachten müssen. Weiterentwicklung ist stets möglich, und sofern man sich Hegel anschließt, dann mithilfe seiner Hauptmethode, also der Dialektik. Eine sehr große Datenmenge erweitert zwar unsere Möglichkeiten, führt aber auch immer dazu, dass wir unser Erkenntnisvermögen überschätzen. Auf dialektische Vorgehensweisen trifft man bei den Anwendungen der Künstlichen Intelligenz nur in seltenen Fällen, Hegel zufolge ist wirkliche Erkenntnis aber gerade eben nur auf diesem Wege möglich.

\* \* \*

**Lassen sich mittels Künstlicher Intelligenz die Fähigkeiten des Menschen steigern und lässt sich auf diese Weise die Evolution beeinflussen?**

Mit einer Reihe von Methoden können in der Tat die menschlichen Fähigkeiten erweitert werden. Es wird darüber diskutiert, wie das menschliche Gehirn neue Fähigkeiten gewinnen kann. Mit Cognitive Enhancement (Hildt & Franke, 2013) wird versucht, eine direkte Verbindung zwischen Gehirn und Computer herzustellen. Denkbar wäre es, einen Chip in das Gehirn einzupflanzen, um so in einen Austausch mit dem menschlichen Gehirn zu treten und dessen Fähigkeiten zu erweitern. Das Denken soll dann nicht, wie bisher, durch Lernen und Training verbessert werden, sondern durch Implantate. Insbesondere das Erinnerungsvermögen ließe sich auf diese Weise erheblich steigern, da die Speicherkapazität von Implantaten nahezu unbegrenzt sein kann. Auch die Verarbeitung von Daten könnte verbessert werden, da viel mehr Alternativen zur Verarbeitung vorhanden wären. Es gibt sogar Wissenschaftler, die von der Möglichkeit ausgehen, demnächst auch iBooks in die Chips hochzuladen.

In die Zukunft gedacht könnte die Technik auf diese Weise mittels der Erweiterung des Gehirns einen Übermenschen hervorbringen. Bisher wurde der Mensch schon immer als Mängelwesen bezeichnet, beispielsweise von dem Biologen und Philosophen Arnold Gehlen. Vielleicht ließen sich mithilfe Künstlicher Intelligenz einige Mängel beheben? Die Verschmelzung von Mensch und Technik wäre hier jedenfalls ein vorstellbarer und möglicher Weg.

In diesem Zusammenhang ist der Transhumanismus von Bedeutung. Mit diesem Begriff, den der Biologe Julian Huxley 1957 geprägt hat, wird eine Phase bezeichnet, die auf die derzeitige Situation des Menschen folgt. Huxley geht in seiner Arbeit davon aus, dass es eine Phase der geistigen Entwicklung jenseits der aktuellen Situation geben wird, die wir uns so noch gar nicht vorstellen können (Huxley, 1974). Auch der deutsche Philosoph Friedrich Nietzsche (1844–1900) befasste sich mit der Idee eines „Übermenschen", den es irgendwann geben werde und der über ungleich viel mehr Fähigkeiten und Einsichten verfügen wird als der heutige Mensch. Nietzsche hat den Mut zu dieser Vorstellung besessen, wobei er nicht von einer technischen Lösung ausging, sondern von einem gesteigerten Erkenntnisvermögen, das diese Möglichkeiten eröffnet. Nietzsche nahm gedanklich eine Zivilisation vorweg, die sich extrem fortentwickelt und weit über unseren heutigen Zustand hinausgeht. In seinem Buch „Also sprach Zarathustra" formulierte er seine Gedanken zum Übermenschen. Dabei geht Nietzsche davon aus, dass sich der Mensch in einem Übergangsstadium befindet, dessen Zukunft er nur erahnen kann. Nietzsche begreift das Negative als eine maßgeblich treibende Kraft für die menschliche Weiterentwicklung. Er sieht den Übermenschen als Ausdruck einer Weisheit, die nachzuvollziehen die meisten Menschen nicht in der Lage sind. So ist zum Beispiel auch das über sich selbst Lachen-Können für Nietzsche Zeichen einer tiefen Weisheit. Nietzsche postulierte, dass es Aufgabe des Menschen sei, einen Menschen zu entwickeln, der über höhere geistige Fähigkeiten verfügt als er selbst (Kucher, 2015).

Nietzsche entwickelte seine Idee des Übermenschen allerdings nur aus rein philosophischer Sicht, die Möglichkeiten einer Künstlichen Intelligenz blieben bei seinen Überlegungen außen vor. Er begriff die Weiterentwicklung des Menschen als einen intensiven Erkenntnisprozess, der sich über Konventionen und kulturelle Einschränkungen hinwegsetzt. Ihm zufolge befindet sich der Mensch in einem Stadium, das überwunden werden wird. Dann werden sich neue Horizonte eröffnen, das bisherige Erkenntnisvermögen erfährt eine Erweiterung und die Welt wird auf eine neue Art gesehen und begriffen. Vieles, so Nietzsche, sei noch unerforscht und bisher auch noch unvorstellbar. Derzeit sah er den Menschen noch in einem Stadium zwischen Tier und Übermensch. Der Mensch stellte für ihn einen Übergang dar, der noch viele unentdeckte Entwicklungsmöglichkeiten in sich birgt.

## 5.2 Künstliche Intelligenz und Lebensverlängerung

Die Anti-Aging-Medizin gehört heute mit zu den wachstumsstärksten Forschungsfeldern. Hier werden riesige Investitionen getätigt, insbesondere im Silicon Valley. Leben gilt als das menschliche Grundbedürfnis Nummer eins, von daher beschäftigt dies weltweit viele Forschende.

Die Anti-Aging-Medizin befasst sich mit der Genomanalyse, um hochmoderne Medikamente und Nahrungsergänzungsmittel einzusetzen, die den Alterungsprozess aufhalten sollen. Hinzu kommen eine extrem gesunde Ernährung sowie körperliche Bewegung, um sämtliche physiologischen Prozesse zu aktivieren. Der zweite Bereich der Anti-Aging-Medizin ist die Kryonik. Hierbei werden Menschen kurz nach ihrem Tod eingefroren mit dem Ziel, sie in ferner Zukunft bei besseren Therapiemöglichkeiten wieder zum Leben zu „erwecken". Aufgrund der regen Tätigkeiten auf diesem Gebiet gibt es mittlerweile ganze Forschungszweige, die sich gezielt mit Fragen zum Alterungsprozess beschäftigen. Und tatsächlich ist es inzwischen bereits gelungen, das Leben kleiner Lebewesen durch Genmutation zu verlängern. Die Frage ist allerdings, ob sich diese Prozesse auf das menschliche Leben übertragen lassen.

Auch gibt es sogenannte Bio-Printer, die in der Lage sind, menschliche Organe künstlich herzustellen. Ebenso stehen intensive Untersuchungen von Lebewesen im Zentrum des Interesses, die, wie beispielsweise der Grönlandwal, bis zu zweihundert Jahre alt werden. Inzwischen geht die

Forschung davon aus, dass bis zum Ende dieses Jahrhunderts einzelne Menschen möglicherweise ein Alter von einhundertfünfzig Jahren erreichen können. Dies, so die Theorie, könnte bewerkstelligt werden mittels DNA-Reparaturen, wodurch die Zellgeneration angeregt und damit das Altern verlangsamt würde.

Mittlerweile gibt es in den USA rund vierhundert Menschen, die sich nach ihrem Tod haben einfrieren lassen, zuweilen auch lediglich den Kopf allein. Eine weitere Methode, so eine Meinung der Wissenschaft, bestünde darin, das menschliche Gehirn zu kopieren und in einen Roboter umzuwandeln oder an einen holografischen Körper anzuschließen. Zum Einsatz kommt bei all diesen Methoden immer die Künstliche Intelligenz. Eine Hyperintelligenz, so eine Hypothese, könnte uns eventuell dabei unterstützen, die bisher noch unverständlichen Prozesse sichtbar zu machen. Auf diese Weise ließe sich das Leben verlängern, wobei einzelne Organe bei Bedarf ersetzt werden würden.

Die Künstliche Intelligenz erlaubt uns möglicherweise den Blick in die Zukunft. Allerdings stellt sich dabei immer die Frage, ob die Menschheit in der Lage sein wird, künftige Entwicklungen zu beeinflussen – oder eben nicht. In diesem Zusammenhang sei an ein Wort Karl Poppers, des Begründers des kritischen Realismus erinnert, der einmal sagte: Wer sich die Zukunft vorhersagen lasse, habe schon aufgegeben, sie gestalten zu wollen (Popper, 2003).

Mithilfe Künstlicher Intelligenz steht uns die Entwicklung vieler Optionen zur Verfügung. Niemals aber dürfen wir dabei den Verlust unseres Einflusses riskieren. Künstliche Intelligenz ermöglicht nicht nur einen Datenmissbrauch, sondern auch Eingriffe in die Privatsphäre sind möglich. Und ebenso sind Manipulationen der öffentlichen Meinung schon längst nicht mehr auszuschließen. All dies ermöglicht das Internet durch den Einsatz der Künstlichen Intelligenz. Insofern kann nicht oft genug angemahnt werden, dass der Mensch in all den Entwicklungen nicht seine Souveränität an die digitale Technik verliert, da mithilfe von Algorithmen bereits heute Leistungen erreicht werden können, die das menschliche Vermögen weit übersteigen. Denn unser Gehirn ist schlichtweg nicht in der Lage, derart riesige Datenmengen aufzunehmen, wie sie von Künstlicher Intelligenz bereitgestellt werden. Und mittels Algorithmen lassen sich hier unendliche Vielfaltstrukturen erkennen. Besonders auch das selbstständige Lernen durch Künstliche Intelligenz kann völlig neue Möglichkeiten eröffnen, die unsere eigenen intellektuellen Leistungen weit übersteigen. Ursprünglich hat man unter Zuhilfenahme der Künstlichen Intelligenz versucht, menschenähnliche Entscheidungswege nachzuvollziehen. Wie gefährlich kann es dann aber werden, wenn durch Künstliche Intelligenz lernende Systeme entstehen, deren Ergebnisse undurchschaubar sein werden und sich somit unserem Einfluss entziehen? Die digitale Entwicklung könnte sich – unabhängig von der menschlichen Nachvollziehbarkeit – selbstständig weiterentwickeln. Dies birgt Gefahren für die menschliche Intelligenz und den Menschen selbst, die wir bisher noch kaum imstande sind zu durchschauen. Richtig eingesetzt, können wir allerdings durch die Künstliche Intelligenz unsere geistigen und körperlichen Kräfte enorm steigern und die Evolution vorantreiben.

\*     \*     \*

Arthur Schopenhauer (1788–1860) zufolge sind die Feinde des menschlichen Glücks Schmerz und Langeweile. Neun Zehntel des Glücks macht die Gesundheit aus, sie sollte deshalb für den Menschen im Vordergrund stehen. Und dabei können auch Reichtum und Ruhm die Gesundheit nicht unerheblich aufs Spiel setzen. Gerade die Reichen und Wohlhabenden können nach Schopenhauer dem Schmerz entfliehen, sie werden aber häufig beeinträchtigt durch die Langeweile. Der Mensch muss immer alle seine Kräfte gebrauchen, sonst verkümmern sie. „Reichtum ist wie Salzwasser: Je mehr man davon trinkt, desto durstiger wird man." (Schopenhauer, 1859/2009).

Schenkt man Schopenhauer Glauben, hat die menschliche Natur eine große Schwäche: Sie ist von Lob und Tadel anderer abhängig. Für ihn ist derjenige klug, der nicht nach Glück und Genusssucht trachtet, sondern der sich um die Vermeidung von Unglück und Schmerz bemüht. Wie sind diese Gedanken im Zusammenhang mit der Künstlichen Intelligenz zu sehen?

Künstliche Intelligenz erlaubt uns, Strukturen zu analysieren und riesige Datenmengen zu bearbeiten. Die Ergebnisse sind dabei allerdings häufig nicht vorhersehbar. Ebenso sind die Auswirkungen selbstlernender Prozesse lediglich in begrenztem Maße zu antizipieren. Die Zufriedenheit mit den Ergebnissen durch den Einsatz Künstlicher Intelligenz lässt sich nur schwer im Vorhinein einschätzen. Das bedeutet: Unser Wissen ist durch Künstliche Intelligenz zwar steigerbar, aber ebenso auch die Abhängigkeit von den Ergebnissen. Die Begrenztheit unserer intellektuellen Leistungen wird uns dabei zusehends bewusst, was Minderwertigkeitsgefühle und Unzufriedenheit nach sich zieht. Für Schopenhauer ist jedoch gerade die Vermeidung von Schmerz ein zentrales Anliegen. Dieser Schmerz kann jedoch sehr schnell infolge von Überforderung entstehen. Auf der anderen Seite können uns intellektuelle Herausforderungen positiv stimulieren und zu neuen Aktivitäten veranlassen.

Ist es möglich, Künstliche Intelligenz aus der Sicht eines Philosophen, der nahezu zweitausend Jahre vor unserer Zeit gelebt hat, zu betrachten? Die Rede ist von Marc Aurel (121–180), einem der wichtigsten Vertreter der Stoa, einer philosophischen Denkrichtung der griechischen und römischem Antike. Menschenliebe, Vernunft, Besonnenheit und Beharrlichkeit sind ganz zentrale Gesichtspunkte dieser Denkschule (Schriefl, 2019). Der Stoa zufolge ist der Kosmos beseelt und in ständiger Veränderung begriffen. Der Mensch ist gefordert, mit seiner eigenen Vernunft das Wesen der Natur zu erkennen. Diese verändert sich unablässig und der Mensch muss diese Gegebenheit, da er Teil der Natur ist, akzeptieren. Ständig entstehen immer wieder neue Freiräume und Möglichkeiten, denen wir durch Aktivität, aber auch durch Gelassenheit begegnen müssen. Der Schlüssel zur Erkenntnis liegt in der Natur selbst, die jedoch größer ist als der Mensch. Wir müssen im Einklang mit den Gesetzen der Natur leben und unter Gebrauch unserer Vernunft gute Dinge tun, zu denen auch die erweiterte Erkenntnis gehört. Das eigene Leben muss ehrlich und gerecht geführt werden und unsere neuen Erkenntnisse müssen ständig dieses Menschenbild vor Augen haben und ihm entsprechen.

Die Künstliche Intelligenz führt uns zu neuen Erkenntnissen und Möglichkeiten. Dabei gilt es aber, ständig im Blick zu behalten, ob wir mit diesen neuen Erkenntnissen der Menschheit Gutes tun oder sie nur in Abhängigkeiten bringen. Auch die positive Einstellung anderen Menschen gegenüber darf sich nicht einfach durch komplexe neue Technologien verändern. Deshalb sollten wir alle neuen Möglichkeiten, die wir entdecken, vor dem Hintergrund der ethischen Einstellung beurteilen und beeinflussen.

Einzelne Menschen wie auch Konzerne trachten immer wieder danach, sich Vorteile zu verschaffen, indem sie andere auf geschickte Art in Abhängigkeit und Unmündigkeit versetzen. Das dabei angewendete Prinzip besteht häufig darin, anderen beträchtliche Vorteile zu bieten, allerdings um den Preis, dass zugleich auch eine unethische Einflussnahme ausgeübt wird. Marc Aurel hat als römischer Kaiser und Philosoph die erforderliche Grundhaltung anderen Menschen gegenüber auf den Punkt gebracht, indem er neuen Erkenntnisgewinn und Weiterentwicklung stets vor dem Hintergrund einer ethischen Entwicklung des anderen gesehen hat (Aurel, 2008).

\* \* \*

## 5.3 Künstliche Intelligenz und das menschliche Gehirn

Mit Künstlicher Intelligenz werden zumeist spezifische Probleme gelöst, die menschliche Intelligenz hingegen ist eher allgemeiner ausgerichtet und kann daher auch sehr flexibel sein. Die speziellen Probleme der Künstlichen Intelligenz sind zum Beispiel fokussiert auf Übersetzungssysteme oder Gesichtserkennung, der Ansatz der Künstlichen-Intelligenz-Forschung, die die allgemeine Intelligenz im Blick hat, steht jedoch erst an ihrem Anfang. Bisher lässt sich die Imitation der menschlichen Intelligenz noch sehr schwer erreichen, lediglich auf speziellen Gebieten ist ihr die Künstliche Intelligenz überlegen.

Mit der Künstlichen Intelligenz konzentriert sich die Entwicklung darauf, Strukturen, Gesetzmäßigkeiten und Regelmäßigkeiten zu erkennen. Dem mooreschen Gesetz zufolge – benannt nach Gordon Moore, einem US-amerikanischen Ingenieur, geb. 1929 – wird unterstellt, dass sich die Rechenleistung der Künstlichen Intelligenz alle 18 Monate verdoppelt (Moore'sches Gesetz, Moore, 1965; Intel Corporation, 2005). Und tatsächlich ist eine enorme Steigerung der Speicherungsmöglichkeiten zu verzeichnen mit der Folge, immer größere Datenmengen analysieren zu können. Ob wir deshalb aber auch in der Lage sein werden, eine uns immer komplexer erscheinende Welt besser zu durchschauen, ist ungewiss. Allein die Frage, ob unser Gehirn es vermag, zunehmend schnellere Rechner, die uns komplexe Informationen immer effektiver verschaffen, zu erfassen und zu verarbeiten, ist bedenkenswert. Und nicht zuletzt mag dies sogar zu einem Gefühl der Unterlegenheit führen, das uns in der Folge eher demotivieren würde.

Das Höhlengleichnis von Platon (428–348 v. Chr.) beschreibt sehr anschaulich die Begrenztheit unseres Erkenntnisvermögens. Eine Gruppe von Menschen befindet sich gefesselt in einer Höhle. Keinem von ihnen ist es möglich, den Kopf zu wenden und zum Höhleneingang zu blicken. Damit sind sie dazu verurteilt, lediglich auf eine Höhlenwand zu starren. Auf der Höhlenwand erkennen sie nur die Schatten von Menschen und Objekten, die sich am Höhleneingang vorbeibewegen. Diese Schatten sind es, die die Menschen für die einzige Realität halten, die es gibt. Einem dieser Menschen gelingt es in der Folgezeit, sich von seinen Fesseln zu befreien und den Höhleneingang zu erreichen. Er erblickt die Sonne und die übrige Welt und er erkennt, dass dies, was er nun sieht, die wirkliche Welt ist. Alles andere, das er in der Höhle gesehen und wahrgenommen hatte, waren lediglich Schatten, Trugbilder eben. Platons Schlussfolgerung aus diesem Gleichnis lautet: Der Mensch ist gefordert und aufgerufen, sich von den Schatten der scheinbar wirklichen Welt zu befreien und seinen Geist zu öffnen für reale Erkenntnisse.

Die Künstliche Intelligenz könnte eine Möglichkeit sein, neue Erkenntnisse zu erlangen. Sie könnte aber auch eine Möglichkeit sein, scheinbar neue Welten zu erkennen, deren Auswirkungen wir noch nicht verstehen. Das Höhlengleichnis zeigt sehr anschaulich die Begrenztheit unseres Erkenntnisvermögens, weckt zugleich aber Hoffnungen darauf, neue Bereiche entdecken zu können.

Folgt man Gottfried Wilhelm Leibniz (1646–1716), können wir mit unseren Sinnesorganen bestimmte reale Eindrücke gut verarbeiten, andere Bereiche der Realität hingegen nehmen wir nicht wahr, da unsere Sinnesorgane schlichtweg nicht dazu in der Lage sind, uns diese Eindrücke adäquat zu vermitteln. Unser Gedächtnis ist imstande, zurückliegende Erfahrungen mit aktuellen Wahrnehmungen zu verknüpfen und Zusammenhänge herzustellen. Wir können, gemäß Leibniz, die notwendigen und ewigen Wahrheiten demnach nur begrenzt erfassen. Vernunft und Wissen bilden dabei für ihn das Fundament, um zur Selbsterkenntnis zu gelangen. Leibniz war zutiefst überzeugt von der Macht der Vernunft und des Fortschritts durch ein rationales Weltbild. Dabei befasste er sich insbesondere mit der Frage, in welchem Verhältnis Körper und Geist zueinanderstehen (Leibniz, 2013).

Leibniz geht als Grundprämisse von der besten aller möglichen Welten aus, die wir nur nach und nach erkennen können. Die menschlichen Seelen bestehen ihm zufolge aus Monaden (Ureinheiten), die sich nicht weiter reduzieren lassen. Leibniz ist mit seiner Philosophie Wegbereiter der Aufklärung, für die Vernunft und Wissen vor allem anderen leitend sein sollte. Vernunft und Intelligenz sind wesentliche Eigenschaften des Menschen; seine Begrenztheit ist eines seiner Kennzeichen, zugleich aber eröffnet sie auch Möglichkeiten, die für ihn in einem ganz konkreten Entwicklungsstadium noch gar nicht vorhersehbar sind. Künstliche Intelligenz könnte also ein weiteres Entwicklungsstadium abbilden, in dem sich die Vorstellungen von Leibniz weiter konkretisieren.

\* \* \*

Digitale Konzerne sammeln eine Vielzahl von Daten. Die Informationsangebote sind kostenlos, im Gegenzug werden aber gleichzeitig persönliche Daten vom Nutzer erfasst. Diese Daten werden analysiert und zum Teil weiterverkauft. Je mehr Informationen über einen Nutzer vorliegen, desto besser und einfacher können ihm Angebote unterbreitet werden, die ihn interessieren.

Das Problem bei diesem Prozess ist, dass der Nutzer überhaupt nicht weiß, was mit seinen Daten geschieht und in wessen Hände sie gelangen. Mit großer Wahrscheinlichkeit werden diese Daten im positiven Sinne weiterverarbeitet. Es ist aber immer auch theoretisch möglich, dass diese Daten missbraucht werden, mit ihrer Hilfe die Persönlichkeit des Nutzers ausgespäht wird, um sodann wirtschaftlichen Nutzen daraus zu ziehen. Es bestehen aber zudem auch durchaus Gefahren, die unsere demokratischen Grundlagen, die wesentlich sind für unsere Lebensqualität, infrage stellen. Data Mining wird so zum Reality Mining. Unsere individuelle Realität wird extern erfasst und wirtschaftlich und möglicherweise auch politisch beeinflusst. Für digitale Netze ist es inzwischen ein Leichtes, auch falsche Nachrichten zu platzieren. Auf einfache Art werden so Falschnachrichten lanciert und vervielfältigt. Und gerade polemische und polarisierende Aussagen können auf simple Weise in den entsprechenden Foren gepostet werden und damit auf eine große Verbreitung stoßen.

Ethische Fragen werden auch angesichts dieser Voraussetzungen zunehmend wichtiger, zumal es ständig weniger durchschaubar wird, was mit unseren Daten geschieht und in welche Hände sie gelangen. Hier sind rechtliche Strukturen erforderlich, um missbräuchlichem Verhalten entgegenzutreten und es einzuhegen. Ein jeder Nutzer des Internets sollte eigentlich die Möglichkeit haben, Informationen darüber zu erlangen, was mit seinen Daten geschieht. Und er sollte befragt werden, ob er damit einverstanden ist. Eine nicht durchschaubare Nutzung der Daten muss dringend und unbedingt vermieden werden, da sonst persönlichem und politischem Missbrauch Tür und Tor geöffnet sein könnten. Sollte man hier nicht vielleicht erörtern, wie unermesslich schwierig es inzwischen ist, den Datenmissbrauch einzuhegen? Stichwort Hacker, Stichwort korrupte politische Systeme – um nur zwei Beispiele zu nennen.

Oberstes Gebot im Zusammenhang mit Künstlicher Intelligenz hat immer die Wahrung der Menschenwürde zu sein, zumal die technologischen Möglichkeiten den Einzelnen rasch überfordern können. Die Geschichte kennt zahllose Beispiele dafür, dass riesige Menschenmassen politisch manipuliert wurden und ihre eigentlichen Interessen nicht mehr wahrnehmen konnten. Insofern sind wir gefordert, hier bereits im Frühstadium rechtliche Möglichkeiten zu schaffen als Rahmen dafür, unsere demokratischen Errungenschaften und individuellen Interessen zu gewährleisten und zu schützen. Sorgsames ethisches Abwägen steht bisher leider noch viel zu wenig im Mittelpunkt, da die Vorteile durch die Nutzung von Medien rasch tieferliegende Problematiken, die sie mit sich bringen, verschleiern und für den Durchschnittsbürger undurchsichtig machen. Alles, was Menschen schaden könnte, muss erkannt und aufgedeckt werden, um dies sodann durch politische Strukturen und rechtliche Rahmenbedingungen zu vermeiden. Digitaler Fortschritt mit all seinen Möglichkeiten muss also immer zugleich auch an ethischen Fragen Maß nehmen.

Deep Learning birgt die Gefahr, dass durch Selbstlernprozesse moderner Technologien Entwicklungen in Gang gesetzt werden, die für den Menschen nicht mehr durchschaubar und auch nicht mehr beherrschbar sind. Insofern hat sich Künstliche Intelligenz unseren Rechts- und Wertvorstellungen stets zu unterwerfen. Sie allein sind Richtschnur beim Ausschöpfen neuer Entwicklungen.

Zwar lassen sich mittels Künstlicher Intelligenz sehr genau Daten analysieren und Strukturen erkennen, bei der Analyse von Persönlichkeitsmerkmalen stößt sie jedoch schnell an Grenzen. Hermann Hesse (1877–1962) beispielsweise hat in seinem Buch „Der Steppenwolf" (Hesse, 1927) aufgezeigt, dass in einem jeden Menschen mehrere Persönlichkeiten stecken, die er nur phasenweise erlebt. Demnach wäre es also sehr schwierig, mithilfe Künstlicher Intelligenz eine Persönlichkeit zu analysieren und dominante Charakterzüge zu erkennen. Der voll entwickelte Mensch kann durchaus verschiedene Seiten ausleben, ohne dabei seine Authentizität zu verlieren. „Mensch" und „Steppenwolf" sind also in jedem Menschen angelegt und vorhanden, ohne dass dies immer zu erkennen wäre.

Glücksfähigkeit und Leidensfähigkeit liegen sehr eng beieinander. Das Glücksgefühl kann sich zuweilen beim Menschen derart stark entwickeln, dass es die Leidsituation völlig überdeckt. Für Hesse besitzt die eigene Freiheit oberste Priorität, Manipulation durch andere ist das Schlimmste, das einem Menschen überhaupt zustoßen kann. Denn dadurch verliert er seine authentischen Seiten – und damit auch die Möglichkeit zum Durchleben von Glücksgefühlen. Für Hesse geht der Machtmensch an der Macht zugrunde, der Geldmensch am Geld und der Unterwürfige am Dienen. Die Macht, die sich mittels Künstlicher Intelligenz erreichen lässt, kann sich sehr schnell in ihr Gegenteil verkehren, nämlich dann, wenn sie missbraucht wird, ohne dass der Betroffene davon überhaupt etwas bemerkt. Künstliche Intelligenz muss demnach also die Verantwortungskraft und -fähigkeit besitzen, sich auf ethischer Ebene mit dem Menschen zu beschäftigen – und nicht nur Daten zu sammeln und zu manipulieren. So lässt sich auch Hesses Auffassung von Humor verstehen, den er als die genialste Errungenschaft und Leistung der Menschheit begreift. Denn sie eröffnet dem Menschen die Möglichkeit, eine andere Ebene einzunehmen und damit eine Situation aus einer ganz anderen Sicht zu betrachten und einzuschätzen.

\* \* \*

Mittels Künstlicher Intelligenz soll das menschliche Gehirn nachgebildet werden. Allerdings existieren riesige Unterschiede zwischen der „normalen" menschlichen Intelligenz und der Künstlichen Intelligenz: Die menschliche Intelligenz spiegelt sich in einem multiplen Intelligenzansatz wider. So gibt es zum Beispiel die sprachliche Intelligenz, die logisch-mathematische Intelligenz, die räumliche Intelligenz und die interpersonale Intelligenz. Die menschliche Intelligenz ist unglaublich vielfältig, weshalb sie sich kaum umfassend abbilden lässt. Daneben gibt es aber auch Intelligenzbereiche, die außerhalb der menschlichen Intelligenz liegen, allein schon aus dem Grunde, weil die menschliche Intelligenz bei der Bearbeitung einer großen Datenfülle rasch an Grenzen stößt. Künstliche Intelligenz kann diese spezielle Bearbeitung riesiger Datenmengen häufig besser leisten als ein Mensch. Künstliche Intelligenz ist zuweilen in der Lage, im Wahrnehmungsbereich oder beim selbstständigen Lernen die menschliche Intelligenz durchaus zu übersteigen.

Ein weiterer wichtiger Aspekt im Zusammenhang mit Künstlicher Intelligenz sind die neuronalen Netze. In der ursprünglichen Bedeutung ist damit die Verbindung zwischen Neuronen gemeint. Unter Zuhilfenahme Künstlicher Intelligenz können wir inzwischen allerdings Algorithmen entwickeln, mit denen es gelingt, Verbindungen zu analysieren. Durch den Rückgriff auf neuronale Netze sind Maschinen mittlerweile imstande, auch selbstständig Lernprozesse einzuleiten. So sind die Analyse einer Vielzahl von Daten, das Erkennen und Kreieren von Beziehungen zwischen verschiedenen Daten sowie der Gesamtüberblick über die Daten inzwischen möglich. Mittels „Machine Learning" können wir mithilfe Künstlicher Intelligenz Lernprozesse einleiten, die wir zuvor noch gar nicht im Blick hatten.

Mithilfe von Algorithmen werden Daten analysiert. Dabei ist unter einem Algorithmus eine programmierte Anweisung zu verstehen, wie Daten verarbeitet und analysiert werden sollen. Durch „Deep Learning" lassen sich in einem zunehmend exakteren Prozess Datenressourcen analysieren. Auf diese Weise werden die Ergebnisse immer exakter – und machen so auch neue Strukturen sichtbar. Der Computer ist also mittels Künstlicher Intelligenz imstande, aus seinen eigenen Erfahrungen zu lernen und auf dieser Grundlage neue Strukturen zu entwickeln. Allerding besteht bei umfassenden Analysen auch durchaus die Gefahr von Fehleinschätzungen, nämlich immer dann, wenn die Daten Vorurteile enthalten oder auf keinen oder mangelnden ethischen Grundlagen fußen.

Die Leistungsfähigkeit der Künstlichen Intelligenz erhöht sich durch die fortschreitende Dematerialisierung zunehmend. Gemeint ist hiermit die steigende Bedeutung von Daten im Gegensatz zu materiellen Dingen. Damit einher geht zudem die immer stärker werdende Vernetzung zwischen unterschiedlichsten Bereichen. Überdies wird die Veränderungsgeschwindigkeit enorm zunehmen und sich auf alle Bereiche erstrecken. Produkte, Dienstleistungen und Prozesse sind immer leichter steuer- und untereinander vernetzbar. In der Folge kommt den Daten eine zunehmende Bedeutung vor materiellen Dingen zu. Vormals eigenständige Produkte wie Telefon, Kamera, Uhr und Diktiergerät werden ins Smartphone integriert. Daneben gibt es noch unendlich viele andere Funktionen, die bisher lediglich zu einem Teil genutzt werden. Wasserwaage, Taschenlampe und Kompass können über das Smartphone genutzt werden. Welche Veränderungen dies für den Lebensstil des Menschen mit sich bringt, wird derzeit erst ansatzweise erkannt. Bücher, Zeitungen und Zeitschriften können über das Smartphone gelesen werden, auch beim Online Shopping haben sich massive Veränderungen hin in die digitale Welt ergeben.

Neben der Vielzahl von Funktionen, die sich auf ein einziges Gerät konzentrieren, spielt die Vernetzung von Produkten und Services eine bedeutende Rolle. Infolge der Vernetzung spricht man vom „Internet of Things". Viele Objekte sind miteinander verbunden und können beeinflusst werden. Auch Daten aus unterschiedlichsten Quellen können ausgewertet werden und so völlig neue, originelle Ergebnisse hervorrufen.

\* \* \*

Für Nietzsche ist die Entfaltung von Potenzialen beim Menschen von zentraler Bedeutung. Die Welt, so wie sie der Mensch wahrnimmt, basiert ihm zufolge nicht auf Fakten, sondern beruht weitgehend auf subjektiven Interpretationen. Vor allem die mentale Unabhängigkeit ist für Nietzsche wesentlich. Ein freies, unabhängiges Denken und das Zulassen von Fehlern sollten im Zentrum stehen. Für ihn ist der Mensch gefordert, unablässig seine Eigenverantwortung weiterzuentwickeln, um so zu einer Unabhängigkeit von bestehenden Ideologien und Mythen zu gelangen.

Nietzsche sah bereits voraus, dass die Weiterentwicklung der Gesellschaft und Wirtschaft keine Garantie für bestehende Arbeitsplätze sei. Selbst die beste Ausbildung könne schnell überholt sein und neuen Entwicklungen im Wege stehen. Offenheit und Experimentierfreude allein könnten Weiterentwicklung ermöglichen. Das Festhalten an alten Grundsätzen hingegen, so Nietzsche, stünde Fortschritt und Innovation im Wege. Dem Menschen wird die Erkenntnis abverlangt, dass er nicht die Endstufe der Evolution darstellt, sondern sich vielmehr in einer Zwischenstufe befindet, die offen sein sollte für völlig neue Entwicklungen. Insofern ist für ihn Wahrheit auch keine objektive Größe, sondern lediglich eine spezielle Sichtweise des Menschen, die seine Entwicklungsstufe zulässt.

Nietzsches Postulat lautet: Der Mensch muss in seinem Denken noch viel selbstständiger werden und sich von alten Denkstrukturen befreien. Dabei könne und dürfe er durchaus etwas zugleich richtig und falsch machen, weil die Beurteilungskriterien nicht immer objektiv sind. Auch konnte Nietzsche chaotischen Zuständen teilweise durchaus etwas sehr Positives abgewinnen, da er in ihnen Anstöße zu neuem Denken und Förderung der Kreativität sah. Unsere Gesellschaft und auch die Wirtschaftswelt sind tiefgreifenden Veränderungen unterworfen, die durch die Künstliche Intelligenz noch zunehmend beschleunigt und in neue Bahnen gelenkt werden.

Nietzsche war seiner Zeit weit voraus und hat die Komplexität und Innovation unserer heutigen Situation bereits vorhergesehen. Auch die Herausforderungen einer globalisierten Welt hat er antizipiert und sich dazu Gedanken gemacht. Selbstverständlich konnte er die Entwicklung der Künstlichen Intelligenz aus heutiger Sicht nicht voraussehen oder erahnen. Er hat sich aber bereits intensiv mit diesen Problemstellungen insofern befasst und dazu geäußert, als er postulierte, dass der Mensch über die bestehenden Möglichkeiten ständig hinauswachsen müsse, um mit den zunehmend komplexeren Strukturen immer besser umgehen zu können. Komplexität und Innovation waren bereits für ihn die Triebfedern für permanente Entwicklung.

## 5.4 Künstliche Intelligenz, Moral und Emotionen

Die dem Menschen inhärente Moral lässt sich nicht digitalisieren. Moral ist immer auch abhängig von der Kultur und von Wertesystemen. Mit Künstlicher Intelligenz lassen sich zwar Kriterien bestimmen, die bei der Einschätzung von Situationen von Relevanz sind. Komplexe Situationen können aber auch sehr schnell außerhalb der menschlichen Nachverfolgung entstehen, wobei dann die Moral Gefahr läuft, auf der Strecke zu bleiben. Spekulationen in diesem Kontext schließen sogar die Annahme nicht aus, dass Künstliche Intelligenz die Menschheit ausrotten und alle Macht auf sich ziehen könnte. Emotionalität ist mit Künstlicher Intelligenz bisher erst ansatzweise nachzuvollziehen. Die Vielfalt der Gefühle wie auch ihre Irrationalität sind derart kompliziert und miteinander verflochten, dass dies kaum mittels Künstlicher Intelligenz zu fassen ist.

Es muss auch immer besser nachvollziehbar sein, wer welche Informationen miteinander teilt, wobei insbesondere die persönlichen Informationen hier entscheidend sind. Suchmaschinen werten Daten aus, die nachzuverfolgen dem einzelnen Nutzer nicht möglich ist. Die Privatsphäre des Einzelnen muss noch besser geschützt werden, damit er selbstständig und unabhängig agieren kann. Pluralismus ist oberstes Gebot, die Einengung aufgrund von Datenanalyse gilt es zu vermeiden. Dem Einzelnen muss es möglich sein, zu einer unabhängigen Meinungsbildung zu gelangen, ohne – unbemerkt – Beeinflussungen ausgesetzt zu sein. Doch gerade hier lauern in unserem Informationszeitalter vielfältige Gefahren, da die technologische Analyse immer komplexer wird und –

damit einhergehend – auch immer schwieriger nachzuvollziehen ist. Personalisierte Suchergebnisse können analysiert werden und dazu benutzt werden, den User entsprechend zu beeinflussen. Die pluralistische Demokratie hat immer oberstes Ziel zu bleiben. Die Auswirkungen der Künstlichen Intelligenz auf politische Systeme muss deutlicher gemacht werden, um die Authentizität und Unabhängigkeit des Menschen zu bewahren.

Lassen sich Körper und Geist durch Künstliche Intelligenz optimieren? Ist es vielleicht sogar möglich, die evolutionäre Entwicklung mithilfe Künstlicher Intelligenz zu beschleunigen? Bestimmte Vorgänge in unserem Leben sind unausweichlich, etwa das Altern und der Tod – daran können wir nichts ändern. Doch gibt es mittlerweile Wissenschaftler, die davon ausgehen, dass wir in der Lage sind, den Alterungsprozess zu beeinflussen. Auch kann beispielsweise allein die Unzufriedenheit mit der Tatsache des Alterns ein starker Antrieb dafür sein, nach Möglichkeiten zu suchen, das Leben auch in der Spätphase zu genießen und produktiv zu gestalten. In diesem Zusammenhang wäre wieder einmal an Philosophen wie Nietzsche zu erinnern, der davon ausging, dass sich der Mensch zum Übermenschen entwickeln könne – mit einer weit größeren geistigen Stärke. Und auch im sportlichen Bereich ist bekannt, dass sich die körperlichen Leistungsgrenzen weit nach hinten hinaus verzögern lassen. Der Wunsch nach Steigerung der menschlichen Fähigkeiten über die normalen Grenzen hinaus zeigt sich aber ebenso beispielsweise in vielen Filmen und Dramen. Auch die Aufklärung war eine Epoche, die bemüht war, die Leistungsfähigkeit des Menschen durch Hinterfragen von Mythen und Konventionen und durch Verbesserung der Bildung zu steigern.

In jüngster Zeit wurde immer wieder versucht, die digitalen Datenströme mit den Datenströmen im menschlichen Gehirn zu verbinden. Wir sprechen in diesem Zusammenhang heute von „Cognitive Enhancement" (Hildt & Franke, 2013). Eine direkte Verbindung zwischen Gehirn und Computer ist bisher erst ansatzweise gelungen, in diese Richtung wird aber viel experimentiert. So gibt es Wissenschaftler, die sich vorstellen können, dem menschlichen Gehirn einen Chip einzupflanzen, um dessen enorme Speicherkapazität zu nutzen. Voraussetzung dafür wäre, dass unser Gehirn imstande wäre, die Computerdaten zu lesen, um sie richtig einzuordnen, dass also die molekularbiologische Welt der Nerven mit der digitalen Welt verbunden würde. Diese Entwicklung befindet sich jedoch noch in ihren Anfängen. Ziel wäre es, das Denken dann also nicht durch Lernen und Training zu verbessern, sondern mittels technischer Implantate.

Eine weitere Möglichkeit, menschliche Fähigkeiten zu steigern, ist auch die Verabreichung von Medikamenten. Hier ist allerdings die Gefahr starker negativer Auswirkungen, die die normalen Abläufe im Gehirn behindern könnten, sehr groß. Von kurzfristiger geistiger Leistungssteigerung durch Stimulanzien wird immer wieder berichtet, die negativen Auswirkungen bleiben in diesem Zusammenhang aber häufig unberücksichtigt.

Schon Philosophen sahen in ihrem Denken die geistige Leistungssteigerung im Zentrum. Kant gilt als einer der wichtigsten philosophischen Vertreter der Aufklärung. Maßgeblich für ihn war seine Forderung nach Autonomie und Mündigkeit des Menschen; Selbstbefreiung und Selbstbestimmung standen im Zentrum seines Denkens und seines Interesses. Sein Ideal: Der Mensch solle sich qua eigener Kraft aus seiner Abhängigkeit und Bevormundung befreien und ein autonom handelndes Wesen und so zum Gestalter seiner Welt werden, und zwar unter Missachtung äußerer Einflüsse. Die derart gewonnene Erkenntnis hat nach Kant immer auch einen lebenspraktischen Zweck, nämlich die positive Beeinflussung der Lebensführung. Nicht starre Dogmen und nicht durchschaubare Einflussnahme von außen sollten das Leben bestimmen, sondern Vernunft und Eigenständigkeit.

Der Mensch, so Kants Überzeugung, kann sich durch den Gebrauch seiner Vernunft ständig verbessern und unabhängig werden. Alle Menschen sind gleichberechtigt und sollten sich daher den undurchschaubaren Einflüssen von außen entziehen. Die ursprüngliche Triebkraft des Menschen war der Instinkt, in der Folge dann entwickelte er die Vernunft, und zwar in zunehmendem Maße. Hauptpostulat der Aufklärung war, dass der Mensch aus seiner selbst verschuldeten Unmündigkeit heraustreten müsse. Die Menschen wollen sich gegenüber anderen immer behaupten und ihre Position innerhalb der Rangordnung verbessern. Die Menschheit entwickelt sich auch dadurch beständig weiter, dass sie ihr Wissen an die nachfolgenden Generationen weitergibt. Das wichtigste Ziel nach Kant ist es, die Selbstbefreiung des Menschen zu fördern und ihn in seinem autonomen Handeln zu stärken. Die Aufklärung mündet letztlich in der Selbstbefreiung des Menschen in jeglicher Hinsicht. Es gilt, die selbst verschuldete Unmündigkeit zu durchschauen und abzulegen.

\*    \*    \*

Internet und Künstliche Intelligenz eröffnen grenzenlose Räume zum Wissensaustausch. Zugleich aber wird auch die Autonomie des Einzelnen eingeengt, weil er durch sein Agieren im Internet einen Teil seiner Autonomie verliert, da er durchschaubar wird für einige wenige. Die von Kant eingeforderte Eigenständigkeit und Unabhängigkeit im Denken kann mithin einerseits durch Künstliche Intelligenz gefördert, zugleich durch sie aber auch stark beeinträchtigt werden. Denn sowohl die Komplexität der Informationen wie auch die Nichtnachvollziehbarkeit der Informationsweitergabe können zu beträchtlichen Einschränkungen führen.

Unser Leben wird zusehends – bewusst und unbewusst – digital geteilt. Algorithmen schreiben sich zum Teil schon selbst und sind dabei in der Lage, immer größere Datenmengen zu verarbeiten. Eine ständig größer werdende Informationsfreiheit führt dazu, dass sich zum einen die individuellen Entscheidungen besser fundieren lassen, dass zugleich damit aber auch rasch eine Überforderung einhergeht. Die den Menschen mögliche Intelligenz kann mittels Künstlicher Intelligenz bereits in vielen Bereichen überboten werden. Es gibt sogar Wissenschaftler, die inzwischen davon ausgehen, dass sich unser Geist optimieren lässt, indem das menschliche Gehirn mit Computern verbunden wird. Und es kann sogar sein, dass Algorithmen uns (bereits) besser kennen als wir uns selbst. Dies kann Entscheidungsfindungen durchaus erleichtern, zugleich aber auch unsere Abhängigkeit übermäßig verstärken. Auch ist immer die Gefahr gegeben, dass eine „Elite optimierter Menschen" einen zu starken Einfluss gewinnt, da sie über die besten Algorithmen verfügt. Weitergedacht kann so die Menge kognitiv unterlegener Menschen ständig zunehmen, während eine kleine Elite immer mächtiger wird.

Realität und Kunst können zunehmend besser simuliert werden. So hat der kalifornische Musikprofessor David Cope 1991 beispielsweise auf digitale Weise Bachmusik entwickelt, die vom Original nicht mehr zu unterscheiden ist (Johnson, 11. November 1997). Der Einsatz Künstlicher Intelligenz wird sicher und unweigerlich auch dazu führen, dass überkommene Berufe obsolet werden, eine Vielzahl bisher üblicher beruflicher Tätigkeiten also wegfällt, zugleich aber durch neue ersetzt wird. Ein Beispiel hierfür wären selbstfahrende Autos, die einen Fahrer überflüssig machen. Die Bedeutung einzelner Menschen kann immer weiter abnehmen, da sich die Realität durch Algorithmen – und zwar vom Menschen unabhängig – optimiert gestalten lässt. Selbst Gefühle lassen sich mittlerweile durch elektronische Stimulation des Gehirns hervorrufen. Weitere Einflussfaktoren auf das Gehirn sind bisher noch unerforscht, lassen aber zunehmend komplexere Lebensverhältnisse erwarten.

Die Willensfreiheit ist eines der höchsten Werte, bestimmt sie doch die Lebensqualität und das Glück des Menschen. Sobald dieser freie Wille eingeschränkt wird, ist vehement dagegen anzugehen und ethischen Prinzipien das Wort zu reden. Die Evolution hat uns darauf programmiert, nie zufrieden zu sein, weil das Gefühl der Unzufriedenheit eine starke Stimulation zur Weiterentwicklung bedeutet. Wäre der Mensch mit allem zufrieden, verspürte er keinen Anreiz mehr, Dinge zu verändern. Möglicherweise können wir durch Künstliche Intelligenz ja sogar zu neuen Bewusstseinszuständen gelangen, die die Wahrnehmung der Realität verändern, beziehungsweise unser Bewusstsein erheblich erweitern. Es gibt in der Wissenschaft mittlerweile sogar Stimmen, die selbst den Tod infrage stellen und die Unsterblichkeit als ein mögliches Ziel anstreben. Nichtorganische Algorithmen, so die Überlegungen, lassen sich möglicherweise unermesslich steigern, was zu bisher noch völlig unvorstellbaren Ergebnissen führen könnte, die das eigene Leben vollständig verändern und die Frage nach der Begrenztheit des Lebens zur Disposition stellen. Virtuelle Realitäten können für bestimmte Individuen immer wesentlicher werden und den Bewusstseinszustand komplett wandeln. Künstliche Intelligenz ist so in der Lage, unser Bewusstsein erheblich zu erweitern und zu bereichern. Zugleich könnten wir uns aber auch hin zu Ebenen entwickeln, die uns letztlich völlig überflüssig machen.

Künstliche Intelligenz bringt die Möglichkeit mit sich, Bereiche zu erschließen, die für uns zunächst noch völlig unvorstellbar sind. Ein Rückblick in die Geschichte zeigt uns aber auch sehr rasch auf, dass vieles nicht vorhersehbar ist und in bestimmten Zeitphasen unser Vorstellungsvermögen schlichtweg übersteigt. Unser Geist und unsere Persönlichkeit verändern sich in jedem Augenblick. Von daher können wir zukünftige Entwicklungen nur bedingt voraussagen.

Viele Menschen teilen ähnliche Überzeugungen, die sie zusammenbringen. Die zentralisierte Daten- und Informationsverarbeitung erfolgt zurzeit in einem noch nie gekannten Ausmaß und Zusammenhang. Die Möglichkeit der Überwachung von Menschen hat in einer ungeahnten Dimension zugenommen, die sich George Orwell Mitte des vergangenen Jahrhunderts nie hätte vorstellen können. Roboter und Künstliche Intelligenz können sich bei einer unkontrollierten Entwicklung gegen den Menschen wenden, wenn nicht rechtzeitig Möglichkeiten überlegt und antizipiert werden, dies zu verhindern. Demokratische Abläufe sind unweigerlich bedroht, wenn diese innerhalb der Gesellschaft nicht mehr durchschaubar und damit auch beeinflussbar sind.

Es ist zukünftig durchaus denkbar, dass viele Menschen ein Leben ohne Arbeit führen müssen. Nicht die Ausbeutung, sondern die Bedeutungslosigkeit steht dann im Vordergrund. Mangelhaft ausgebildete Arbeitskräfte finden keine Beschäftigung mehr, da sich das spezifische Fachwissen auf immer weniger Menschen konzentriert. Es gibt Wissenschaftler, die bereits von einer neuen „nutzlosen Klasse" sprechen. Auch die Gefahr, dass Menschen völlig durchschaubar werden, ohne dass sie sich dies überhaupt vorstellen können, ist gegeben. In immer mehr Bereichen übertrifft die Künstliche Intelligenz inzwischen die kognitiven Fähigkeiten des Menschen. Insofern ist der Mensch gezwungen, ein neues Selbstbild zu entwickeln, spätestens sobald Big Data-Algorithmen immer mehr Einfluss gewinnen. Zudem ist zu befürchten, dass politische Organisationen oder weltweite Konzerne die Möglichkeiten einer immer besseren zentralen Datenverarbeitung zu ihrem Vorteil (aus)nutzen. Vielleicht entsteht dann irgendwann infolge der vielen neuen Möglichkeiten auch eine neue Spezies, die den Homo sapiens ablöst.

Motive sind in der Regel erheblich geprägt von kulturellen Überzeugungen. Die menschliche Sprache entwickelte sich aus dem Bedürfnis heraus, immer komplexer werdende Situationen zu beschreiben und die Kommunikation untereinander zu erleichtern. Unsere Sprache beruht auf abstrakten Begriffen, die seinerzeit eine neue Entwicklungsstufe ermöglichten. Vielleicht gelingt es der Künstlichen Intelligenz, neue Möglichkeiten der Kommunikation zu eröffnen und neue Realitäten zu schaffen? Veränderungen in der heutigen Zeit laufen zunehmend schneller ab und sind für viele bereits nicht mehr nachvollziehbar. Möglicherweise entwickelt sich der Mensch hin zum „Supermenschen", der trotz aller Überforderung in der Lage sein wird, sich auf eine neue Entwicklungsstufe zu begeben. In der Geschichte jedenfalls sind genügend Beispiele belegt, die radikale Veränderungen zeigten. Die landwirtschaftliche Revolution vor 12.000 Jahren etwa bewirkte, dass der Jäger zum Bauern wurde. Das Leben hat sich danach in vielen Bereichen völlig verändert. Genauso wäre doch eine Weiterentwicklung der Künstlichen Intelligenz denkbar, die vollständig neue Möglichkeiten schaffen könnte.

## 5.5  Künstliche Intelligenz und Erkenntnisgewinn

Künstliche Intelligenz kann mit Sicherheit zu größeren Erkenntnisgewinnen beitragen, schon allein deshalb, weil es ihr möglich ist, wesentlich mehr Daten in ihre Analyse einzubeziehen, als das menschliche Gehirn dazu in der Lage ist. Der Philosoph Ernst Cassirer (1874–1945) knüpft an Kants kritische Philosophie an. Cassirer geht davon aus, dass unsere Erkenntnis nicht nur durch die Sinnenwelt beeinflusst wird, sondern immer auch durch Kontexte und Abstraktionen. Unsere Erkenntnis wird durch den Einsatz unterschiedlicher Zeichensysteme gefördert. Den Naturwissenschaften kommen ein hoher Stellenwert und große Erkenntnismöglichkeiten zu – und dennoch beschreiben sie lediglich einen Teil der wirklich wahren Welt (Cassirer, 1998).

Der Wahrheits- und Wirklichkeitsbegriff lässt sich unterschiedlich definieren, dabei hat sich die Philosophie verschiedene Zugänge geschaffen, um sich der Wahrheit anzunähern. Mythen stellen dabei die früheste Form der bewussten Reflexion der Welt dar. Daraus haben sich verschiedene symbolhafte Darstellungen entwickelt, die die Realität widerspiegeln. Sprache, Kunst und Wissenschaft sind unterschiedliche Formen der zeichenhaften Abbildung der Realität. Die wahrgenommene Welt wird durch den menschlichen Geist geprägt, der menschliche Geist schafft zugleich wiederum auch seine eigene Realität, die symbolhaft Abbildungen erzeugt.

Erkenntnistheorie muss, Cassirer zufolge, die Grenzen der exakten Naturwissenschaften überschreiten. Dabei wird menschliche Erfahrung als symbolische Tätigkeit aufgefasst. Verstehen und Interpretieren sind eingeschränkte Formen der Wahrnehmung. Künstliche Intelligenz eröffnet neue Möglichkeiten der Realitätserfassung und der symbolhaften Abbildung großer Datenmengen. Dadurch verändert sich die Realität, da sich neue Zugänge erschließen, die Realität abzubilden. Fehler in der Realitätserfassung sind allerdings auch bei der Einbindung Künstlicher Intelligenz durchaus denkbar, denn exakte mathematische Angaben können sehr schnell darüber hinwegtäuschen, dass mit ihnen nur ein kleiner Teil der Realität erfasst wird.

Durch Künstliche Intelligenz können sich Wirtschaft und Gesellschaft enorm verändern. In diesem Zusammenhang ist eine ethische Debatte von großem Belang, da die Arbeitsteilung zwischen Mensch und Maschine starken Veränderungen unterworfen ist. Es lassen sich eine ganze Reihe von Bereichen benennen, in denen Künstliche Intelligenz große – und auch negative – Auswirkungen entfaltet. Nehmen wir hier nur das Beispiel der Kriegsführung mittels Künstlicher Intelligenz. Dieser Komplex macht, wie aktuell in Krisenherden, etwa Afghanistan und der Ukraine, nur allzu deutlich bewusst, wie viele ethische Fragestellungen damit einhergehen. Und die Abgrenzung zum Missbrauch solcher Möglichkeiten ist ein sich unablässig neu stellendes Problem.

Neben solchen äußerst komplexen Fragestellungen sind zugleich aber auch eine ganze Reihe von positiven Möglichkeiten gegeben, in denen sich Künstliche Intelligenz effizient und fruchtbar einsetzen lässt. So kann beispielsweise bei der semantischen Suche die Bedeutung von Wörtern und Begrifflichkeiten akribisch erfasst werden. Sprachanalysen sind bei der Auswertung von Texten dann durchaus von Nutzen und dienlich. Auch lässt sich mittels Deep Learning nach Bearbeitung und Beurteilung großer Datenmengen die Entscheidungsfindung stark vereinfachen. Bislang nicht erkannte Zusammenhänge werden auf diese Weise leichter durchschaubar und sind bei der praktischen Arbeit von großem Nutzen. Ebenso erleichtert „Deep Learning" die Analyse von Bildern und Texten, was deren Identifizierung und den Erkenntnisgewinn erheblich vergrößert.

Künstliche Intelligenz wird auch intensiv genutzt im Zusammenhang mit der Digitalisierung der Wirtschaft und dem Internet der Dinge. Dabei werden Verbindungen erstellt, die Arbeitsprozesse und Funktionsweisen erheblich erleichtern. Ebenso kann der Handel die Prognosen von Kaufentscheidungen exakter vorherbestimmen und das Angebot entsprechend gezielter und kundengerechter gestalten. Amazon bietet bereits einen kassenlosen Supermarkt an, der die Produkte automatisch erfasst, die sich der Kunde herausgesucht hat.

Auch bei routinemäßigen Aufgaben wie beispielsweise die Sichtung von Bewerbungsunterlagen kann Künstliche Intelligenz die Arbeit stark vereinfachen und so, im konkreten Fall etwa, viel Lesezeit einsparen. Insbesondere wiederkehrende Aufgaben können mithilfe der Künstlichen Intelligenz rationalisiert und/oder teilweise sogar ganz ersetzt werden. Auch ist davon auszugehen, dass die menschliche Arbeit erleichtert wird. Wie gesagt, lassen sich durch Deep Learning Algorithmenzusammenhänge erkennen, die zuvor nicht durchschaubar waren. Ein besonderes Ereignis in dieser Hinsicht stellte bereits 1997 die Niederlage des Schachweltmeisters Kasparov gegen einen Computer dar. Hier schon zeichneten sich Möglichkeiten ab, die die Künstliche Intelligenz zukünftig eröffnen würden. Aber bei allem Fortschritt – es kann nicht oft genug darauf hingewiesen werden – müssen stets ethische Fragen mit im Vordergrund stehen, da die Autonomie des Menschen für seine Lebenszufriedenheit von höchster Bedeutung ist und alle Erleichterungen bei intellektuellen Problemstellungen auf jeden Fall immer durchschaubar bleiben müssen.

Hannah Arendt (1906–1975) betrachtet die menschliche Freiheit als das höchste Gut des eigenen Lebens (Arendt, 2018). Bei ihren Überlegungen ging sie (unter anderem) davon aus, dass dem Menschen irgendwann seine Arbeit ausgehen werde, da Technologien und die Digitalisierung die menschliche Arbeit letztlich überflüssig machen. Hinzu kommt, dass der Mensch die Realität seiner Außenwelt anzweifele und sich dann auf die Selbstreflexion konzentriere. Weiterhin unterstellte sie, dass wir nur durch aktives Handeln die Realität erfahren könnten, Reflexionen und Beobachtung allein reichten dafür nicht aus. Das Vertrauen des Menschen lediglich auf seine Sinne und seine Vernunft sei unzureichend für die Erfahrbarkeit der Wirklichkeit. Sie wagt sogar die Hypothese, dass wir zu Sklaven unserer eigenen Erkenntnismöglichkeit werden. Was durch technische Mittel und mathematische Formeln beschrieben wird, ist auf der Erfahrungsebene nur begrenzt nachvollziehbar. Wissenschaft und Technik beherrschen unsere Welt und lassen unser Erkenntnisvermögen rasch an Grenzen stoßen. So gab es in der menschlichen Entwicklung immer wieder Erfindungen wie etwa Eisenbahn oder Flugzeug, die unseren Erfahrungsraum völlig verändert haben.

Arendt beschreibt auch unsere moderne Massengesellschaft, in der der Überfluss von einem allgemeinen Unbehagen begleitet wird. Die Langeweile durch Überfluss kann zum Verlust der Vitalität des Menschen führen. All diese und die zuvor erwähnten Einsichten beschreibt sie in ihrem 1958 erschienenen Buch Vita. Das Erstaunliche daran ist, dass sie bereits hier Prozesse vorhergesehen hat, die aktuell mit der Entwicklung der Künstlichen Intelligenz von hoher Aktualität sind: Die große Bedeutung der menschlichen Freiheit nämlich wird umso zentraler, je mehr der Mensch infolge moderner Technologien in seinem Bewusstsein eingeschränkt wird. Er ist nicht mehr in der Lage, alles zu durchschauen; seine Freiheit wird beschnitten, die Komplexität des Geschehens wird zunehmend unergründlich.

Der Philosoph, Zoologe und Mediziner Ernst Haeckel (1834–1919) beschreibt in seinem Buch „Die Welträtsel" (1899) viele ungelöste Sichtweisen auf Welt und Gesellschaft (Haeckel, 2019). Im Zentrum stehen Fragen nach der Entstehung des Lebens und der Herkunft des Menschen, wobei er sich unter anderem auf Darwins Evolutionstheorie bezieht. Haeckel bezeichnet das menschliche Bewusstsein als höchste Stufe der geistigen Entwicklung. Für ihn ist der Mensch von einer Vielzahl von Dingen umgeben, die er sich nicht erklären kann. In diesem Zusammenhang begreift er die psychischen Tätigkeiten des Menschen als rätselhafteste und wichtigste Phänomene überhaupt.

Bei allen geistigen menschlichen Tätigkeiten lassen sich abgestufte Komplexitäten feststellen. Auch das Problem der Willensfreiheit durchdenkt Haeckel intensiv. Für ihn ist der Wille nicht frei, sondern ist bestimmt durch Vererbung und Anpassung an die Umwelt. Haeckel nimmt auch Bezug auf den chinesischen Philosophen Konfuzius (ca. 551–479 v. Chr.), der gesagt hat: „Tue jedem anderen, was du willst, dass er dir tun soll. Und tue keinem anderen, was du willst, dass er dir nicht tun soll. Du brauchst nur dieses Gebot allein – es ist die Grundlage für alle anderen Gebote." Bezogen auf die Künstliche Intelligenz spiegelt sich darin der ethische Grundsatz, jede Situation jeweils immer auch umgekehrt sehen zu müssen: Alles Handeln ist stets so zu betrachten, dass es im umgekehrten Verhältnis ebenfalls erwünscht sein und akzeptiert werden kann. Allen komplexen Systemen ist zu eigen, dass Widersprüche auftreten können. Je komplexer ein System ist, desto stärker müssen ethische Fragestellungen daher als (mit)entscheidend in den Blick genommen werden.

Die Weiterentwicklung im digitalen Zeitalter kann auch vor dem Hintergrund der Einsicht von Charles Darwin (1809–1882) gesehen werden, die besagt, dass die Entstehung der Arten als Resultat einer natürlichen Zuchtauswahl zu begreifen ist. Weiterentwicklungen wären, so gesehen, evolutionär bedingt und nicht immer beeinflussbar.

René Descartes (1596–1650) formulierte den berühmten Satz: „Ich denke, also bin ich." (Descartes, 1863). Damit reflektiert er eingehend die Täuschung von Sinneseindrücken, die die Realität lediglich teilweise widerspiegeln. Er erhebt so den Zweifel zum wichtigen Instrument der Erkenntnis. Das menschliche Wahrnehmungsvermögen ist nur in der Lage, einen Teil der Realität zu erfassen. Der Mensch kann an allem zweifeln, außer an seinem Denken, wenngleich auch das Denken zu Täuschungen führen kann. In unseren Gedankengebäuden sind unweigerlich immer viele Irrtümer enthalten, insofern können wir bloß einen Teil der Realität erfassen. Gewissheiten erlangen wir ausschließlich durch unsere Sinneseindrücke, die jedoch lediglich Unvollständiges wiedergeben. Descartes sieht den Menschen als ein Wesen, das zweifelt, bejaht, verneint und vieles nicht vollständig versteht. Die Urteilsfähigkeit allein genügt nicht, um objektive Erkenntnisse zu gewinnen. Sinnesempfindungen fungieren für Descartes nur als Vermittler zwischen den Dingen und dem Geist. Die Fähigkeiten und Grenzen des menschlichen Geistes werden so zu einem Dreh- und Angelpunkt.

Im Gegensatz zu Descartes als einem Hauptvertreter des Rationalismus versuchte der Empirismus, über die sinnliche Erfahrung zur Erkenntnis der Wahrheit zu gelangen. Könnte es sein, dass die Künstliche Intelligenz eine gelungene Verbindung zwischen Rationalismus und Empirismus bewirkt? Datenanalysen mittels Algorithmen stehen dem Empirismus sehr nahe. Zugleich aber lassen sich tiefgehende Beziehungen herstellen, zu denen auf rein empirische Art nie ein Zugang gelingen würde.

Ideen altchinesischer Philosophen wie Konfuzius (551–479 v. Chr.) und Laotse (6. Jh. v. Chr.) finden sich heute in der modernen Hirnforschung wieder. Das „Wu-Wei-Prinzip" besagt, dass wir besonders im entspannten Zustand sehr aktiv sein können (Slingerland, 2014). Rationales Denken und Gefühle bilden nach der Auffassung der alten chinesischen Philosophen eine enge Einheit und lassen sich nicht voneinander trennen. Das Konzept des Flow, das ein Aufgehen in einer Situation beschreibt, ist mit dem Wu-Wei-Prinzip vergleichbar. Besonders Musiker und Spitzensportler nutzen die aktive Entspannung, um ihre Leistung erheblich zu steigern.

Wörtlich bedeutet „wu wei": „nicht handeln". Damit gemeint ist aber nicht ein träges Abwarten, sondern Konzentration auf die bewusste Entspannung, die unbewusst enorme Leistungen hervorzubringen vermag. Gerade Situationen der Anstrengung führen in manchen Lebenssituationen dazu, dass nicht alle Fähigkeiten und Kräfte ausgeschöpft werden, sondern die Konzentration nur auf einen Aspekt hin ausgerichtet ist und gebündelt wird. Für die alte chinesische Philosophie stellte die aktive Entspannung eine hervorragende Möglichkeit dar, um zu neuen Erkenntnissen zu gelangen. Dabei wird ein Zustand angestrebt – (und möglicherweise auch erreicht) –, der Zugang zu den unbewussten Kräften des Verstandes und des Körpers ermöglicht.

Viele dieser Erkenntnisse werden heute in der Psychologie und in der Neurowissenschaft untersucht und für hervorragende Leistungen nutzbar gemacht. Denken wird als Ausdruck neuronaler Vorgänge im Gehirn gesehen. Einen intensiven Zugang dazu erreicht man nur durch eine aktive Entspannung. Das unbewusste Agieren des Körpers wird verbunden mit dem bewussten Agieren der Vernunft. Ziel der Methode des Wu-Wei ist nicht das Anstreben individueller Höchstleistungen, sondern das Verschmelzen mit einem größeren Ganzen. Nur eine entspannte und spontane Lebensweise kann in einer Gemeinschaft zu Höchstleistungen führen. Auch Empathie und Vertrauen lassen sich durch aktive Entspannung leichter erreichen. Somit werden auch Konflikte vermieden, indem problematischen Situationen entspannt begegnet wird. Immer wenn wir unserem Bauchgefühl und unserem unbewussten Denken folgen, sind wir der wirklichen Erkenntnis näher, da sie stärker unserer Natur entspricht.

Auch in Bezug auf die Künstliche Intelligenz gelangen wir möglicherweise auf neue Ebenen, dann nämlich, wenn wir neue Probleme entspannt betrachten und nicht ausschließlich rational und methodisch vorprogrammiert analysieren. Neue Erkenntnisse mit der Eröffnung neuer Perspektiven gewinnen wir gar nicht so selten aus der Intuition heraus. Eine zu starke rationale Steuerung engt unser Denken ein und schließt zugleich zu viele Aspekte unserer Natur aus. Gerade die Abkehr von der Vorstellung, individuelle Höchstleistungen zu erreichen, kann unser Denken auf Gemeinschaftsgefühle konzentrieren und damit stärkere soziale Verantwortlichkeiten einbinden.

## 5.6 Künstliche Intelligenz und menschliche Fähigkeiten

Ist Künstliche Intelligenz imstande, den Menschen in jeder Hinsicht zu überflügeln? Dies wird in der Wissenschaft immer wieder thematisiert und diskutiert. Ist es vorstellbar und möglich, dass Rechner intelligenter sein werden als der Mensch, dass sie den Menschen in seinen Fähigkeiten imitieren können? Selbstverständlich sind wir zum jetzigen Zeitpunkt noch nicht dazu in der Lage, die Entwicklung der Künstlichen Intelligenz genau vorherzusehen. Dazu bedarf es der Kreativität und der Vorstellungen über das Unvorstellbare. Es könnte aber sein, dass uns Künstliche Intelligenz neue Möglichkeiten eröffnet, unser Leben noch intensiver zu genießen, da sie uns immer größere Freiräume eröffnet. Wir benötigen Beschäftigungen und Aktivitäten, die uns Menschen glücklicher und zufriedener machen. Kunst, Kultur und kreative Fähigkeiten sollten dabei einen großen Raum einnehmen, um unser Leben zu bereichern.

In der Vergangenheit haben wir uns nicht selten bei den Vorhersagen zur Zukunft geirrt. Dies lässt sich auch für die Zukunft nicht ausschließen. Daher sollten wir offen sein für alle Möglichkeiten und dabei die Auswirkungen auf unser Leben im Blick behalten. In diesem Zusammenhang sollte dem Bildungswesen eine zunehmend größere Bedeutung zukommen, um besser für die Zukunft gerüstet zu sein. Damit ist aber nicht die bloße Anhäufung von Wissen gemeint, sondern vor allem die Förderung von Kreativität für die Entdeckung neuer Möglichkeiten und unvorstellbarer Zukunftsentwicklungen. Der Mensch ist gefordert, sich immer wieder mit der Frage nach dem Lebenssinn auseinanderzusetzen und damit, wie er sein Leben bereichern kann. Die spezifische Überlegenheit von Computern und Künstlicher Intelligenz sollte er akzeptieren; zugleich darf aber dabei nie vergessen werden, dass sich der Lebenssinn durch Künstliche Intelligenz und Computer niemals verwirklichen lässt.

Mit der Zunahme der Künstlichen Intelligenz geht immer auch die Gefahr eines Kontrollverlustes einher, insbesondere dann, wenn Computer ihre Algorithmen selbst entwickeln. Künstliche Intelligenz birgt also durchaus das Risiko, dass wir unser Leben nicht mehr selbst beeinflussen und selbstbestimmt gestalten können. Dies sollte Anlass und Grund genug dafür sein, aktiv in die Struktur und Ausformung Künstlicher Intelligenz einzugreifen, um ihre Auswirkungen durchschauen zu können und nie aus dem Blick zu verlieren. Denn die Gefahr Künstlicher Intelligenz liegt häufig in ihren Selbstoptimierungsmöglichkeiten über Algorithmen und dem damit eigenständigen Ingangsetzen von Lernprozessen, deren Auswirkungen einzuschätzen der Mensch schlichtweg überfordert ist.

Eine besondere Gefahr stellen auch die Überwachungs- und Kontrollmöglichkeiten von Menschen dar. Diese Möglichkeiten sind mittels Künstlicher Intelligenz wesentlich einfacher zu realisieren und sind mithin eine besondere Bedrohung für jeden Einzelnen wie auch für ganze Gesellschaften. Mit zunehmender Überwachung wird zunehmend auch die individuelle Freiheit eingeschränkt mit der Folge, dass letztlich demokratische Strukturen mehr und mehr infrage gestellt werden. Künstliche Intelligenz ist, nebenbei bemerkt, auch multidisziplinär, wobei außer der

Informatik besonders auch die Psychologie und die Neurowissenschaften eine herausgehobene Rolle spielen.

Eine gut funktionierende Demokratie geht immer von der Selbstständigkeit, Freiheit und Unabhängigkeit ihrer Bürger aus. Unbemerkte Manipulationen des Menschen haben unweigerlich Herrschaftssysteme zur Folge, die nicht mehr dem Wohle des Einzelnen dienen. Mithilfe Künstlicher Intelligenz lassen sich Muster sehr rasch erkennen – und damit sind möglicherweise Manipulationsmöglichkeiten zugleich Tür und Tor geöffnet. Solche Manipulationen sind durch Künstliche Intelligenz ungleich viel rascher und effizienter zu bewerkstelligen, als es Menschen, Gruppen oder gar Staaten ohne diese Hilfsmittel jemals möglich gewesen wäre. Insofern heißt es, sich immer wieder aufs Neue bewusst zu machen, dass gerade Systeme, die sich fortlaufend selbst optimieren, zugleich streng reguliert werden müssen, damit die Lebensqualität des Einzelnen und der Gesellschaft erhalten bleibt.

Es besteht die Gefahr, dass unsere Abhängigkeit von lernenden Maschinen ständig zunimmt und immer größer wird, ohne dass wir dies überhaupt noch durchschauen. Die Macht der Künstlichen Intelligenz ist inzwischen zunehmend gebündelt bei einigen wenigen internationalen Unternehmen, was mit einer gleichzeitigen Schwächung der demokratischen Systeme einhergehen kann. Insofern ist es eminent wichtig, unsere Ausbildungssysteme in digitaler und in internationaler Hinsicht erheblich zu verbessern, um – nach Möglichkeit – alle Abhängigkeiten zu durchschauen und auf lernende Systeme Einfluss zu nehmen. Unsere demokratischen Systeme müssten sich noch viel stärker auf internationaler Ebene untereinander vernetzen und gemeinsame Ziele definieren, um supranationale Konzerne im positiven Sinne effizienter beeinflussen zu können.

Mittels Künstlicher Intelligenz lässt sich die Leistungsfähigkeit von Robotern und Maschinen immer weiter steigern, wobei die übernommenen Aufgaben zunehmend anspruchsvoller und differenzierter sind. In der Folge können ganze Industriezweige überflüssig werden – und so der gesellschaftliche Zusammenhalt ins Wanken geraten. Viele Menschen werden ihren Arbeitsplatz verlieren. Ein bedingungsloses Grundeinkommen könnte hier einen Schutz bieten als eine Garantie zur Bewahrung der Lebensqualität des Einzelnen.

Die Rechnergeschwindigkeit nimmt rasant zu. Alle 18 bis 24 Monate verdoppelt sich die Rechenleistung der Computer (Moore'sches Gesetz, Moore, 1965; Intel Corporation, 2005). Nicht nur einfache Arbeiten werden also in der Zukunft ersetzt werden, sondern auch hochdifferenzierte Tätigkeiten und Rechercheleistungen. Ein wichtiger Bereich der Künstlichen Intelligenz ist auch die visuelle Wahrnehmung. Gesichtserkennung wird immer einfacher und sicherer, optische Analysen werden zunehmend genauer. Und natürlich unterstützt Deep Learning auch hier wieder den raschen Fortschritt, und dies sogar häufig bereits vollkommen selbstständig.

Die durch und infolge Künstlicher Intelligenz erzielten Gewinne konzentrieren sich auf immer weniger Konzerne und Menschen. Dies führt zu Machtstrukturen, die eine wirkliche Bedrohung für demokratische Verhältnisse darstellen können. Ursprung und Urheberschaft geistiger Leistungen sind kontinuierlich schwieriger zu durchschauen. Mit der entsprechenden Software lassen sich Texte erstellen, die sich immer weniger von menschlichen Autoren unterscheiden lassen. Recherche- und Analyseaufgaben können mittels Künstlicher Intelligenz inzwischen mit großer Exaktheit bewerkstelligt werden. Auch Diagnose- und Behandlungsfehler in der Medizin sind genauer zu erkennen. Aber auch auf dem schöpferischen, kreativen Sektor schreitet die Entwicklung ungeheuer voran. So lassen sich mit entsprechenden Algorithmen inzwischen Musikstücke komponieren, hervorragende Bilder malerisch gestalten und 3D-Drucker können mittlerweile ganze Häuserwände konstruieren und die Herstellung spezifischer Objekte übernehmen.

\* \* \*

Für Aristoteles steht der Mensch an der Spitze des Kosmos, weil allein er über Denkvermögen verfügt. Körper und Geist gemeinsam erzeugen eine Wirkung, sinnliche Wahrnehmung und geistige Aktivität wirken eng miteinander zusammen. Materielle und mentale Aspekte gehen in unserem Gehirn dicht miteinander verwobene Verbindungen ein. Solche Annahmen eines Philosophen der Antike (!) entsprechen gerade exakt dem derzeitigen Stand der Hirnforschung!

Die Seele stellt ein Lebensprinzip dar, das die Vollendung des Körpers repräsentiert. Sinnliche Wahrnehmung und Intellekt bilden für Aristoteles eine unauflösbare Einheit, Körper und Seele wirken eng zusammen, wobei sich der Körper in einem Abhängigkeitsverhältnis von der Seele befindet, die ihn stark beeinflusst. Die Seele ist Ursache des lebendigen Körpers. Das Sinnesvermögen ist an den Körper gebunden, der Geist aber ist davon unabhängig. Aristoteles geht davon aus, dass unsere Sinne im Großen und Ganzen ein realistisches Abbild der Welt wiedergeben. Der Geist arbeitet mit Vorstellungen, die er über die sinnliche Erfahrung gewonnen hat (Aristoteles, 1991). Im Gegensatz zum Dualisten Descartes sieht Aristoteles also eine enge Verbindung zwischen Leib und Verstand.

Die Künstliche Intelligenz geht über unsere sinnliche Erfahrung hinaus. Wir können mit ihrer Hilfe Muster und Strukturen erkennen, ohne dass sie unserer sinnlichen Wahrnehmung zugänglich wären. Unser Verstand kann allerdings einige digitale Erkenntnisse nachvollziehen, andere Erkenntnisse hingegen bringen uns zu Lösungen, ohne dass wir die Schritte zum Ergebnis immer verstehen können.

Edmund Husserl (1859–1938) begriff die Philosophie als eine Universalwissenschaft, die in der Folge von den Einzelwissenschaften abgelöst wurde (Husserl, 1986). Für ihn hat sich diese Wissensdisziplin von allem befreit, was nicht exakt berechnet und erkannt werden kann. Insbesondere die mathematisch-naturwissenschaftlichen Disziplinen beschäftigen sich eben nicht mit den Sinnfragen des Lebens – und klammern damit viele Bereiche der Lebenswirklichkeit des Menschen aus. Husserl verwendet in diesem Zusammenhang den Begriff der Lebenswelt und versteht darunter die vorwissenschaftliche Alltagswelt, die tiefsinnige Existenzfragen aufwirft. Insofern kritisiert er den Positivismus der Wissenschaften, bei dem viele wesentlichen Fragen außen vor bleiben. Die großen Sinnfragen der Menschen jedenfalls sieht Husserl von den Naturwissenschaften nicht beantwortet. Vieles wird – vorschnell – in die „Schublade der Metaphysik" gepackt und damit abgewertet. Nach Husserl sollten wir uns aber gerade diesen Fragen zuwenden, da sie die wichtigsten sind.

In der Antike umfasste die Universalphilosophie alle Disziplinen, mit dem Aufkommen der Naturwissenschaften spaltete sich jedoch vieles von der Universalphilosophie ab und wurde zudem als höherwertig angesehen. Die Naturwissenschaften gehen davon aus, dass sich die Welt allein durch Rationalität erforschen ließe. Für Husserl bilden die Naturwissenschaften die Realität jedoch nur annähernd ab. Fragen nach der menschlichen Existenz und Fragen nach dem Lebenssinn bleiben ausgeblendet – und damit unbeantwortet. Wesentliche Problemstellungen der Philosophie lassen sich daher also nicht von den Naturwissenschaften beantworten.

Und an dieser Stelle ist die Verbindung solcher Überlegungen zur Künstlichen Intelligenz gegeben: Auch die rationalen Methoden der Künstlichen Intelligenz können somit tiefer gehende Fragen nicht beantworten. Und selbst eine immer weitergehende Differenzierung des Intellekts mittels Hilfestellungen und Unterstützung der Künstlichen Intelligenz sind nicht dazu in der Lage, zu einer Lösung der wirklich tiefsinnigen Menschheitsfragen zu führen. Wir können zwar mit Algorithmen Muster und Strukturen zunehmend besser erkennen, Sinnfragen beantworten uns diese Erkenntnisse allerdings nicht. So sehr die Naturwissenschaften auch ein exaktes Abbild der Realität wiedergeben mögen, bei tiefgreifenderen Fragen nach Sinn helfen sie uns nicht weiter.

## 5.7 Neue Aspekte der Künstlichen Intelligenz

Können mittels Künstlicher Intelligenz Mensch und Maschine technologische Grenzen überschreiten und miteinander verschmelzen? Sind Mensch-Maschine-Wesen vorstellbar, die sich integrieren und aufeinander Einfluss haben? Und um auf diese Fragen noch einen Aspekt draufzusatteln: Es gibt in der Wissenschaft sogar Stimmen, die die Ansicht vertreten, dass Mensch und intelligente Maschinen neue Wesen ergeben könnten, die für uns Heutige bisher noch gar nicht vorstellbar sind.

In der menschlichen Entwicklung hat es häufig völlig neue Ebenen gegeben. So hat beispielsweise die Entwicklung der Sprache eine radikale Veränderung mit sich gebracht. Die kognitiven Fähigkeiten unseres Gehirns können durch Künstliche Intelligenz erweitert werden. Bereits heute lassen sich Lichtschalter allein per Gedanken betätigen und auch die Gesichtserkennung schreitet durch die Künstliche Intelligenz hinsichtlich ihrer Exaktheit enorm voran. Nicht wenige betonen in solchen Zusammenhängen immer wieder, dass Algorithmen neutral seien und also auch objektive Ergebnisse hervorriefen. Viele Untersuchungen widersprechen dem jedoch, indem sie gezeigt haben, dass auch Vorurteile durch Algorithmen verstärkt werden können. So werden, um nur ein Beispiel zu nennen, etwa bei der Jobsuche häufig Männer bevorzugt.

Werden wir möglicherweise in der Lage sein, mithilfe des Internets auch eine kollektive Intelligenz zu entwickeln? Im positiven Sinne könnte eine gegenseitige Korrektur erfolgen, im negativen Sinne allerdings könnten auch sehr schnell irrationale Überzeugungen entstehen, einzig und allein durch Gruppendenken und gegenseitige Beeinflussungen. Je mehr sich die Menschen unter- und miteinander vernetzen, desto größer wird auch die Gefahr irrationaler Fehler und unglaublicher Fehleinschätzungen. Wenn wir irrationale Überzeugungen erst einmal häufig genug sehen und hören, übt allein diese Intensität unwillkürlich Einfluss auf uns aus. So mag menschliche Schwarmintelligenz durchaus positive Auswirkungen haben, sie kann den Menschen aber zugleich auch in völlig irrationale Bahnen lenken.

Die Mobilisierung vieler Menschen durch das Internet ist relativ einfach zu bewerkstelligen. Damit ist auch die Möglichkeit gegeben, irrationale Überzeugungen nachhaltig zu vertreten und auf simple Weise zu stimulieren. Virtuelle Realitäten lassen sich bereits jetzt sehr leicht durch Head Mounted Displays hervorrufen. Dabei wird uns eine künstliche, visuelle Realität vorgespielt, die unsere Sinne völlig einnehmen kann. Wir setzen das Display auf und sind danach in der Lage, uns in einer vollkommen künstlichen Welt zu bewegen, wobei unsere Kopf- und Körperbewegungen die virtuelle Realität beeinflussen. Und man geht davon aus, dass wir diese virtuelle Realität demnächst auch mit unseren Gedanken beeinflussen können mit der Folge, dass die tatsächliche Realität stark beeinflussbar ist und unsere Wahrnehmung extremen Irritationen ausgesetzt sein wird. Bei einer Vielzahl von Spielen bewegen wir uns bereits in virtuellen Realitäten und lassen uns davon faszinieren. Dies kann allerdings leicht dazu führen, dass unsere normale Wahrnehmung Manipulationen ausgesetzt ist und wir – unbemerkt – ein verändertes Realitätsempfinden entwickeln.

\* \* \*

Grundannahme des Philosophen Jean-Jacques Rousseau (1712–1778) war, dass der Mensch von Natur aus gut ist. Rousseau stellte Überlegungen dazu an, wie eine gerechte Gesellschaft und ein idealer Staat aussehen sollten (Rousseau, 1986). Durch die Einführung des Eigentums wurde der Staat erheblich verändert, was sich auch auf die Entwicklung von Freiheit und Gleichheit im bürgerlichen Staat auswirkte. Rousseaus Gedanken kreisen um die Frage nach dem Ursprung der Ungleichheit in unserer Gesellschaft. Dabei ging er von einem früheren Urzustand der Menschheit aus, wo sich ein jeder Mensch zufrieden, unabhängig und selbstbestimmt fühlte. Zwei Aspekte bestimmen nach Rousseau den Menschen: sein Selbsterhaltungstrieb und sein Unwillen, anderen Menschen etwas Böses anzutun. Macht und Habsucht haben sich erst später entwickelt, nämlich als das Konzept des Eigentums entstand.

Für Rousseau ist Mitleid ein normales Gefühl, das wir anderen entgegenbringen und das zu wohlwollendem Verhalten führt. Eigentum sieht er als die eigentliche Wurzel des Bösen. Mit der Landwirtschaft kam die Aufteilung des Bodens auf – und in der Folge entstand eine prononcierte Auffassung von Eigentum. Sodann entwickelte der Mensch Gesellschaftsverträge, die das Gemeinwohl in den Blick nahmen. Doch mit der Einführung von Gesetzen ging zugleich auch die Gefahr von Willkürherrschaften einher.

Rousseau fasste Eigentum und Reichtum als Hauptquelle für immer wiederkehrende Konflikte auf. Denn mit dem Streben nach Besitz entfernt sich der Mensch zusehends von seinem Naturzustand und seiner ursprünglichen Zufriedenheit. Wichtig ist allen Menschen auch, die Einschätzung der anderen ihnen selbst gegenüber zu erfahren.

Die Entwicklung vom Naturzustand zur modernen Gesellschaft vollzog sich in vielen Schritten, wobei dem Eigentum eine zunehmend größere Bedeutung zugeschrieben wurde. Rousseaus Hauptziel war stets die Erforschung der menschlichen Natur und seiner gesellschaftlichen Entwicklungsschritte. Er gilt als ein wichtiger Kulturkritiker, dem es darum ging, den eigentlichen Naturzustand des Menschen zu ergründen und zu beschreiben. Mit seinen Schriften übte er einen nachhaltigen Einfluss auf viele nachfolgende Denker und Philosophen aus.

Die Konzentration von Macht und Eigentum auf einige wenige Menschen, wie dies in unserer heutigen Gesellschaft erkennbar ist, würde aus Rousseaus Sicht unweigerlich zu einer gesellschaftlichen Fehlentwicklung führen. Durch Künstliche Intelligenz ist aber genau diese Gefahr gegeben: Macht und Geld konzentriert sich zunehmend auf immer weniger Menschen. Diese handeln nach außen hin zum Wohle aller, entwickeln zugleich aber Machtstrukturen, von denen viele in Abhängigkeit geraten und die immer intransparenter werden. Auf diese Weise wird sich, mit Rousseau gesprochen, die Gesellschaft beständig noch weiter vom Naturzustand entfernen und undurchschaubare Abhängigkeiten schaffen und auch zulassen.

David Hume (1711–1776) war einer der wichtigsten Vertreter des englischen Empirismus. Seiner Auffassung nach können wir nur erkennen, was wir sinnlich wahrnehmen. Wo gleiche Ereignisse immer wieder aufeinanderfolgen, gehen wir von einer Kausalitätsvermutung aus. Selbst unser Ich konstruieren wir aus einer Serie von Sinneseindrücken. Zwar erkennen wir die Ursache-Wirkung-Zusammenhänge, die wirklichen Gründe dafür aber können wir häufig nicht durchschauen. Der menschliche Geist arbeitet mit Eindrücken und Vorstellungen, wobei sinnliche Eindrücke das Fundament bilden. Vorstellungen und Ideen gehen immer auf unsere Eindrücke zurück. Da unser geistiges Vermögen beschränkt ist, können wir nie ein vollständiges und exaktes Bild unserer Umwelt erkennen. Für uns existiert nur, was wir über unsere Sinne aufnehmen. Ob es eine Außenwelt gibt, die außerhalb unserer sinnlichen Wahrnehmung liegt, lässt sich nur schwer feststellen (Hume, 1993).

Der Empirismus setzt voraus, dass jede Erkenntnis auf sinnlichen Erfahrungen beruhen muss. Dies heißt aber nicht, dass wir ausschließen können, dass dennoch eine weitergehende Außenwelt existiert – sie ist halt nur eben unseren sinnlichen Erfahrungen nicht zugänglich. Humes Postulat lautet, dass wir von nichts überzeugt sein dürfen, was unsere sinnliche Wahrnehmung nicht imstande ist zu erfassen. Alles andere ist

Spekulation und Fantasie. Wissen a priori, das unabhängig von unseren Erfahrungen ist, kann es also gar nicht geben.

Hume stand in einem starken Gegensatz zu allen Metaphysikern. Er gehörte zu den einflussreichsten Denkern der englischen Aufklärung. Mit seinen kritischen Einstellungen war er so einer der Wegbereiter für die Entwicklung der Künstlichen Intelligenz. Unsere Wahrnehmung lässt sich immer weiter ausdifferenzieren, empirische Strukturen können zunehmend besser erkannt werden. Wenn wir empirisch nicht begründbare Spekulationen unberücksichtigt lassen, kommen wir der Realität wahrscheinlich immer näher. Unsere Sinneswahrnehmungen können wir durch Algorithmen intensivieren und stützen, rationale Analysen lassen sich auf diese Weise optimieren. Die Begrenztheit unserer Wahrnehmung und unseres Verstandes können wir mithilfe der Digitalisierung weiten und so neue Strukturen erkennen. Quantencomputing ist ein weiterer wichtiger Schritt, der neue Möglichkeiten durch noch viel schnellere und umfassendere Verarbeitung von Daten ermöglicht. Man spricht auch von Quantenrevolution, die die Digitalisierung und Künstliche Intelligenz erheblich fördert. Das binäre System wird durch Quantenbits ersetzt.

## Literatur

Arendt, H. (2018). *Die Freiheit frei zu sein*. dtv.

Aristoteles. (1991). In F. F. Schwarz (Hrsg.), *Metaphysik*. Reclam.

Aristoteles. (1991). *Metaphysik*. Universal-Bibliothek Nr. 7913; Metaphysik: Schriften zur ersten Philosophie. Herausgegeben von Franz F. Schwarz. Reclam.

Aurel, M. (2008). *Selbst-Betrachtungen*. Kröner Verlag.

Cassirer, E. (1998). In B. Recki (Hrsg.), *Leibniz' System in seinen wissenschaftlichen Grundlagen*. Ernst Cassirer Werke (Hamburger Ausgabe, ECW). Meiner.

Descartes, R. (1863). *Abhandlung über die Methode des richtigen Vernunftgebrauchs und der wissenschaftlichen Wahrheitsforschung* (Discours sur la méthode pour bien conduire sa raison et chercher la vérité dans les sciences, 1637). (K. Fischer, Trans.). https://www.textlog.de/descartes-methode.html. Zugegriffen am 04.04.2022.

Haeckel, E. (2019). *Die Welträtsel.* Herausgegeben von M. Quante. Kröner.

Haeckel, E. (2019). In M. Quante (Hrsg.), *Die Welträtsel.* Krömer.

Hegel, G. W. F. (1986). In E. Moldenhauer & K. M. Michels (Hrsg.), *Phänomenologie des Geistes.* Suhrkamp.

Hegel, G. W. F. (1986). *Phänomenologie des Geistes.* G.W.F. Hegel Werke in 20 Bänden. Band 3. Herausgegeben von E. Moldenhauer & K. M. Michels (Hrsg.). Suhrkamp.

Hesse, H. (1927). *Der Steppenwolf.* Suhrkamp.

Hildt, E., & Franke, A. (2013). *Cognitive enhancement. An interdisciplinary perspective.* Springer.

Hume, D. (1993). *Eine Untersuchung über den menschlichen Verstand.* Meiner.

Husserl, E. (1986). Die Idee der Phänomenologie. Meiner

Huxley, J. (1974). *Ein Leben für die Zukunft.* List.

Intel Corporation. (2005). *Excerpts from a conversation with Gordon Moore: Moore's law* (Video transcript). https://hasler.ece.gatech.edu/Published_papers/Technology_overview/gordon_moore_1965_article.pdf. Zugegriffen am 19.04.2022.

Johnson, G. (11. November 1997). Undiscovered bach? No, a computer wrote it. *The New York Times*, Section F, S. 1. https://www.nytimes.com/1997/11/11/science/undiscovered-bach-no-a-computer-wrote-it.html. Zugegriffen am 19.04.2022.

Kant, I. (1986). *Kritik der reinen Vernunft.* Reclam.

Kucher, P.-H. (2015). *Verdrängte Moderne – vergessene Avantgarde: Diskurskonstellationen zwischen Literatur, Theater, Kunst und Musik in Österreich 1918–1938* (S. 68). Vandenhoeck & Ruprecht.

Leibniz, G. (2013). *Neue Abhandlungen über den menschlichen Verstand.* Edition Holzinger.

Luhmann, M. (2021). *Einsamkeit – Erkennen, evaluieren und entschlossen entgegentreten.* https://www.bundestag.de/resource/blob/833358/0924ddceb95ab55db40277813ac84d12/19-13-135b-data.pdf. Zugegriffen am 20.04.2022.

Moore, G. E. (1965). Cramming more components onto integrated circuits. *Electronics, 38*(8). https://hasler.ece.gatech.edu/Published_papers/Technology_overview/gordon_moore_1965_article.pdf. Zugegriffen am 19.04.2022.

Popper, K. (2003). *Die offene Gesellschaft* (8. Aufl.). Mohr Siebeck.

Rousseau, J.-J. (1986). In H. Brockard & E. Pietzcker (Hrsg. u. Trans.), *Vom Gesellschaftsvertrag.* Reclam.

Rousseau, J.-J. (1986). *Vom Gesellschaftsvertrag.* Reclams Universal-Bibliothek Band 1769 H. Herausgegeben von H. Brockard & E. Pietzcker (Hrsg. u. Trans.). Reclam.

Schopenhauer, A. (2009). *Die Welt als Wille und Vorstellung.* Anaconda Verlag.

Schriefl, L. (2019). *Stoische Philosophie: Eine Einführung.* Reclam.

Slingerland, E. (2014). *Wie wir mehr erreichen, wenn wir weniger wollen: Das Wu-Wei-Prinzip.* Berling Verlag.

# 6

# Künstliche Intelligenz – Vor- und Nachteile

Dank der Künstlichen Intelligenz lässt sich unser Alltag zeitsparender und effizienter gestalten. So ist zum Beispiel unser Handy eine unglaublich schnelle Informationsquelle, die uns viel Zeitaufwand bei der Informationssuche abnimmt. Lange Wartezeiten können wir häufig vermeiden, die Kommunikation ist erheblich unkomplizierter, Missverständnisse lassen sich rascher ausräumen. Durch Künstliche Intelligenz gewinnen wir bei guter Organisation viel Zeit, können uns mehr auf soziale Kontakte konzentrieren und unser Leben damit bereichern. Routinetätigkeiten und sehr einfache Tätigkeiten werden uns von Robotern abgenommen, selbstfahrende Autos ersparen uns Mühe und Konzentration beim Fahren, eine Zeit, die sich für andere geistige Tätigkeiten viel besser nutzen lässt.

Ein weiterer Aspekt ist die Sharing Economy. Damit lassen sich Geräte und Fahrzeuge weitaus sinnvoller und effizienter gemeinsam nutzen, die Abstimmung und Absprachen kommen sehr leicht zustande und die Investitionen für Geräte und/oder Fahrzeuge können erheblich gemindert werden. So ließe sich der Arbeits- und Investitionsaufwand für die Menschen in einer Gesellschaft beträchtlich reduzieren. Hier sind Gesellschaft und Politik gleichermaßen gefragt. Auf beiden lastet eine große Verantwortung, bei der eine gerechte Verteilung oberste Priorität haben muss.

A. Kitzmann, *Künstliche Intelligenz*, https://doi.org/10.1007/978-3-658-37700-7_6

Künstliche Intelligenz kann zudem sehr produktiv auch im Zusammenhang mit dem Klimawandel oder mit der Ungleichheit von Einkommen eingesetzt werden. Wichtig dabei sind der verantwortungsvolle Einsatz der Künstlichen Intelligenz und die frühzeitige Nutzung der Vorteile Künstlicher Intelligenz zugunsten demokratischer Systeme. In diesem Sinne könnte unsere Welt durch die Nutzung der Künstlichen Intelligenz ein Stück weit gerechter werden und auch zur Erhöhung der Lebensqualität aller Menschen beitragen. Der Einzelne hätte mehr Zeit zur Verfügung, sich mit Sinnfragen zu befassen und viel weiter in die Zukunft zu schauen und zu denken. Selbst die Ausbreitung der Menschen auf andere Planeten könnte realisierbar werden, sofern das derzeit Denkbare und Vorstellbare mittels Künstlicher Intelligenz erweitert und kreativ gedanklich befeuert würde.

Für den Einsatz Künstlicher Intelligenz sind entsprechende Rahmenbedingungen zu schaffen, um verantwortungsvolle Entwicklungen einzuleiten, die die Vorteile und den Nutzen für die Menschheit nicht aus dem Blick verlieren. Keinesfalls jedoch darf Künstliche Intelligenz lediglich ein Instrument großer Konzerne sein, da ansonsten die Überschaubarkeit und Kalkulierbarkeit für den „normalen Bürger" verloren geht oder zumindest beschnitten wird.

Die zukünftige Weiterentwicklung der Künstlichen Intelligenz eröffnet der Menschheit große Vorteile, sie kann zugleich aber auch große Gefahren in sich bergen. Wie bereits betont, gilt es immer, nie die ethischen Ziele bei der Weiterentwicklung der Künstlichen Intelligenz aus dem Blick zu verlieren. Nur so lassen sich ihre positiven Seiten zum Wohle der Gemeinschaft einsetzen. Nicht übersehen werden darf jedoch auch, dass sich ungewollt negative Folgen für die Gesellschaft einstellen, und zwar nicht zuletzt immer dann, wenn die wirtschaftlichen Prioritäten bei der Entwicklung der Künstlichen Intelligenz bei den entsprechenden Konzernen im Vordergrund stehen. Denn dies kann sehr rasch in einen unüberwindbaren Gegensatz zu den ethischen Prinzipien der Gesellschaft münden.

Mit der Künstlichen Intelligenz wird inzwischen die menschliche Intelligenz übertroffen. So ist es mittlerweile gelungen, mithilfe der Künstlichen Intelligenz die besten Schachspieler zu schlagen oder in einem so komplizierten chinesischen Brettspiel wie Go die Überlegenheit zu erreichen.

Die Effizienz der Künstlichen Intelligenz wird in den nächsten Jahren exponentiell ansteigen. Könnten die damit einhergehenden Minderwertigkeitsgefühle des Menschen gar zu einer geistigen Lähmung führen, die das menschliche Leben also nicht erleichtert, sondern sogar erschwert? Es liegt dann möglicherweise in der Hand von nur wenigen Fachleuten, Einfluss auf solche Auswirkungen zu nehmen. Und zugleich steht immer auf dem Prüfstand, ob bei alledem dabei die erforderlichen hohen menschlichen Standards dieser Wenigen eingehalten werden.

Die Künstliche Intelligenz der Zukunft wird die Welt auf völlig andere Art begreifen, nämlich gänzlich unabhängig vom menschlichen Vorstellungsvermögen. Dadurch entstehen neue Realitäten, separat von der menschlichen Intelligenz. Was auf der einen Seite das menschliche Bewusstsein enorm erweitern könnte, wäre zugleich für den Menschen aber auch zutiefst irritierend, wenn nicht verstörend. Neue Welten entstehen, die in der Lage sind, menschliches Bewusstsein zu stimulieren, zugleich aber auch extrem überfordernd sind. Hier werden philosophische Fragestellungen brandaktuell, etwa die Frage danach, inwieweit das menschliche Bewusstsein lediglich einen kleinen Teil der es umgebenden Realität erfasst. In der Philosophie herrscht vielfach Einmütigkeit darüber, dass die Begrenztheit des menschlichen Bewusstseins offenkundig und dessen Erweiterung theoretisch möglich sei, zugleich aber auch an starke Grenzen stoßen könne.

Ein weiterer gefährlicher negativer Aspekt im Zusammenhang mit Künstlicher Intelligenz ist die Wahrscheinlichkeit der Überwachung aller Menschen. Persönliche Freiheit, Authentizität und Spontanität drohen verloren zu gehen. Sofern der Mensch in einem derart starken Maße durchschaubar wird, ohne es selbst zu realisieren, wird seine Handlungsfreiheit nicht nur grundlegend eingeschränkt, sondern auch die Möglichkeit einer weiteren Entwicklung beschnitten.

Hier wird einmal mehr deutlich, dass der Machteinfluss von Organisationen, Regierungen oder Unternehmen kontrolliert und ethischen Standards unterworfen werden müsste zum Wohle der Menschheitsentwicklung. Auf der anderen Seite dürfen Kreativität und potenzielle positive Errungenschaften der Künstlichen Intelligenz nicht eingeschränkt und beschnitten werden. Oberste Richtschnur muss daher immer sein: Wahrung und Respekt der menschlichen Freiheit und Gewährleistung demokratisch verfasster Gesellschaften.

## 6.1    Beispiele für den Einsatz der Künstlichen Intelligenz

Mithilfe von Algorithmen lassen sich Daten sehr genau analysieren und selbst komplexe Aufgaben unproblematisch lösen. Sogar bei der Bilderkennung, etwa der Gesichtserkennung, ist die Künstliche Intelligenz der menschlichen Wahrnehmung überlegen. Auch bei der Textanalyse und Texterkennung liefert die Künstliche Intelligenz inzwischen hervorragende Ergebnisse. So lassen sich beispielsweise Texte unter inhaltlichen wie unter formalen Gesichtspunkten analysieren. Ebenso ist es möglich, auf der Grundlage eines bestehenden Text-Pools neue Texte nach bestimmten Kriterien zu entwickeln und zu formulieren.

Künstliche Intelligenz ist inzwischen in der Lage, Texte als von Menschen verfasst zu simulieren, ohne dass dies noch zu erkennen wäre. Dabei werden Wörter, Sätze und Satzkonstruktionen vorgegeben, mittels derer die Künstliche Intelligenz sodann neue Texte generiert. Die Analyse vorgegebener Texte kann nach unterschiedlichen Kriterien erfolgen. Auf diese Weise lassen sich sogar nicht explizit formulierte Absichten des jeweiligen Autors erschließen. Dabei dient eine semantische Textanalyse als Interpretationsgrundlage. So lassen sich nicht nur analytische Textauslegungen vornehmen, sondern auch intuitive Absichten des jeweiligen Verfassers dechiffrieren.

Deep Learning ist ein weiterer Bereich, der sich mithilfe Künstlicher Intelligenz erschließen lässt. Hierbei handelt es sich um ein tiefes, mehrschichtiges Lernen, das auch als maschinelles Lernen bezeichnet wird. Dabei werden maschinelle Lernprozesse in Gang gesetzt, die exponentiell Informationen aufzunehmen in der Lage sind.

Künstliche Intelligenz kann der menschlichen sehr schnell überlegen sein, indem sie sich ständig weiterentwickelt, dazulernt und so neue Dimensionen eröffnet. Aber nur, wenn der Mensch in der Lage sein wird,

Künstliche Intelligenz auch ethisch auszurichten und das Gesamtwohl der Menschheit im Auge zu behalten, könnten die skizzierten Entwicklungen von Vorteil sein. Künstliche Intelligenz, ethisch vertretbar eingesetzt, könnte auch auf vielfältige Weise Tätigkeiten und Arbeiten des Menschen übernehmen, etwa indem sie diese Arbeiten optimiert, rationalisiert und dadurch zu einer erheblichen Entlastung des Menschen beiträgt. Andererseits könnte sich der Abstand zwischen Arm und Reich infolge Künstlicher Intelligenz zunehmend vergrößern, da diejenigen, die Künstliche Intelligenz zu ihrem Vorteil einzusetzen in der Lage sind, anderen Teilen der Menschheit zukünftig weit überlegen wären.

Eines der Hauptziele für die Entwicklung der Künstlichen Intelligenz sollte die Implementierung menschengewollter Zielsetzungen im Rahmen der Künstlichen Intelligenz sein. Das Wohl des Menschen müsste Leitschnur sein, ohne die die Künstliche Intelligenz Gefahr liefe, ihre ganz eigenen Ziele zu verfolgen, die denen des Menschen entgegenstünden.

Ein zentraler Punkt, in dem sich Künstliche Intelligenz von menschlicher Intelligenz unterscheidet, ist die Bewusstheit des Menschen. Künstlicher Intelligenz kann man keine Bewusstheit zusprechen, ihr fehlt diese menschliche Dimension völlig. Allerdings ist auch davon auszugehen, dass sich mithilfe Künstlicher Intelligenz durchaus Vorgänge registrieren lassen, die weit über die menschliche Sinneserfahrung hinausgehen. So könnten neue Sinneserfahrungen entstehen, die völlig außerhalb des menschlichen Bewusstseins liegen. Hier nähert sich Künstliche Intelligenz den Erkenntnissen vieler Philosophen an, die die menschliche Sinneswahrnehmung als sehr begrenzt begreifen. So wären neue Erfahrungen möglich, neue, bisher nicht vorstellbare Sinnbereiche könnten existieren. Gleichzeitig ist der Mensch mit seinem Bewusstsein der Künstlichen Intelligenz überlegen, da dessen Selbstreflexion bisher noch von keinem Computer simuliert werden kann.

Künstliche Intelligenz wirft also viele höchst komplexe Fragen zu Ethik und Philosophie auf. Das Erkenntnisvermögen der Menschen lässt sich auf der einen Seite erheblich erweitern und ermöglicht vielleicht ganz neue Sinneswahrnehmungen, auf der anderen Seite besteht zugleich die Gefahr, dass Künstliche Intelligenz den Menschen dominiert und in seinen Lebensbereichen einschränkt.

## 6.2 Wie unterscheidet sich die Künstliche Intelligenz von der menschlichen Intelligenz?

Menschen zeichnet die Fähigkeit zu Intuition und Kreativität aus, die sich mithilfe der Künstlichen Intelligenz nur schwer simulieren lässt. Intuition ist eine Eigenschaft, die sich kaum kategorisieren und formalisieren lässt. Vielmehr beruht sie auf unbewussten, hochkomplexen Assoziationen, die lediglich ansatzweise nachvollziehbar sind. Aufgrund dieser Unmöglichkeit der Formalisierung ist daher auch eine Programmierung so gut wie unmöglich.

Und selbst heuristische Wege lassen sich nur schwer beschreiten. Denn immer dann, wenn wir rasch Entscheidungen bei unvollständigem Wissen finden und treffen wollen, sind die Entscheidungsprozesse nur sehr schwer nachvollziehbar. Bei einem unvollständigen Wissensstand sind wir daher gefordert, häufig Entscheidungen zu fällen, die einen gewissen Wahrscheinlichkeitsgrad aufweisen, sich für die richtige Möglichkeit entschieden zu haben. Solch komplizierte Vorgänge lassen sich kaum formalisieren und daher auch kaum in die standardisierten Abläufe Künstlicher Intelligenz integrieren. Künstliche Intelligenz versucht, kognitive Prozesse nachzubilden. Gerade in unsicheren Situationen aber ist dies äußerst schwierig, da sich Wahrscheinlichkeiten schwer einschätzen lassen.

Für die menschliche Intelligenz spielen Gefühle eine große Rolle. Zwar geht fast jeder davon aus, seine Entscheidungen rein rational zu treffen, es gibt aber genügend Beispiele dafür, dass wir emotionale Entscheidungen erst im Nachhinein kognitiv und rational begründen. Die wirkliche Ursache für unsere Wahl ist die Emotion; die kognitive Erklärung erscheint zwar logisch, bei näherem Hinsehen jedoch durch Gefühle beeinflusst. Bei der Künstlichen Intelligenz lassen sich emotionale Ursachen kaum berücksichtigen, eben weil sie sich rational nicht fassen lassen.

Ein typisches Beispiel hierfür ist die Umwandlung von gesprochener Sprache in die Schriftform, und umgekehrt, was beim Verfassen und Schreiben von Texten erheblich viel Zeit einsparen kann. Darüber hinaus können Texte aber auch analysiert werden. Beispielsweise lassen sich, sortiert nach Schlüsselbegriffen, Inhalte komprimieren, was das Textverständnis zuweilen erheblich erleichtert. Auch Textvergleiche sind mittels Künstlicher Intelligenz gut zu realisieren. Es gibt sogar inzwischen Anwendungsgebiete Künstlicher Intelligenz, bei denen sich aus Texten auch Emotionen herauslesen lassen. Die Textanalyse ermöglicht somit auch Rückschlüsse auf die Persönlichkeit des Autors. Überdies ist es bei bestimmten Programmen inzwischen sogar möglich, gezielt Fragen zum Text zu stellen, auf die dann mithilfe der Künstlichen Intelligenz entsprechende Antworten generiert werden.

Auch bedarf es lediglich bestimmter zentraler Vorgaben, auf deren Grundlage mittels Künstlicher Intelligenz in der Folge selbstständig ganze Texte verfasst werden, etwa Sportberichte oder ähnliches. So lassen sich zu allen möglichen Themenbereichen Texte entwerfen, für die lediglich Voraussetzung ist, einige begriffliche Vorgaben zu machen oder Themen inhaltlich zu umreißen.

Auch das Gesundheitswesen profitiert nachhaltig von Künstlicher Intelligenz. Zwar kann das persönliche Arztgespräch nicht einfach ersetzt werden, allerdings unterstützt Künstliche Intelligenz nachhaltig auf dem Gebiet der Diagnose und kann diese sicherer machen. Der Einsatz von Arzneimitteln lässt sich auf breiter Basis genauer einschätzen, vor allem hinsichtlich der Nebenwirkungen, die umfänglich erfasst werden. Damit ist eine noch zielgenauere Medikation möglich.

Gerade aber auch der medizinische Bereich ist äußerst sensibel hinsichtlich ethischer Aspekte, die bei der Entscheidungsfreiheit des Patienten eine große Rolle spielen. Zu umfassende Datenerfassung kann die Lebensqualität der Patienten negativ beeinflussen, da die Eigenständigkeit und Entscheidungsfreiheit der Patienten im Vordergrund stehen muss.

## 6.3 Künstliche Intelligenz und die Manipulation von Menschen

Mittels Künstlicher Intelligenz eröffnen sich Wege, den Menschen zu manipulieren, etwa indem man ihm falsche Erinnerungen einpflanzt. Dabei erhält die manipulierende Person zunächst Informationen von

Verwandten, Freunden oder Bekannten zu der zu beeinflussenden Person. In der Folge werden dann reale Informationen aus der Vergangenheit dieser Person zur Sprache gebracht und dabei mit nicht authentischen Informationen angereichert. Die zu beeinflussende Person vermischt in der Folge unbewusst reale und erfundene Informationen der Vergangenheit und betrachtet dann auch die erfundenen Informationen als wahr. Falsche Erinnerungen werden also mit echten Erinnerungen vermengt, sodass dadurch eine Differenzierung zwischen beidem nicht mehr möglich ist. Die Erinnerung an die eigenen Erlebnisse oder Emotionen kann somit trügerisch sein.

Mithilfe der Künstlichen Intelligenz können zum Beispiel Zeugen befragt werden, um deren Wahrhaftigkeit besser zu identifizieren. In einem standardisierten kognitiven Interview werden Fragen vorbereitet, die logische Schlüsse erlauben. Das kognitive Interview ist derart differenziert konzipiert, dass dies für die Befragten undurchschaubar ist. Im Laufe eines Lebens verändern sich die Menschen stark, sodass zuweilen die Erinnerung an ein Erlebnis für falsch gehalten wird, weil diese Erinnerung mit dem neuen Selbstbild nicht mehr kompatibel ist. Falsche Erinnerungen lassen sich also unter Umständen bewusst einpflanzen, die Künstliche Intelligenz stellt in diesem Zusammenhang Instrumentarien bereit, mit denen sich dies aufspüren und aufklären lässt.

Mithilfe Künstlicher Intelligenz können mühelos enorme Datenmengen, die die Wissenschaft mittlerweile in unvorstellbarem Maße produziert und die kaum noch überschaubar sind, sortiert werden. Bei diesem Prozess lassen sich wesentliche Muster erkennen – dies ist die klassische Aufgabe der Künstlichen Intelligenz. Bei diesem Sortierprozess ist jedoch zuweilen unklar, welche Datenmengen überhaupt erforderlich sind, um Algorithmenmuster zu erkennen.

„Deep Learning" bezeichnet, wie bereits erwähnt, einen Prozess, mithilfe dessen der Computer seine Leistung ohne menschlichen Eingriff wesentlich verbessern kann. In der Folge ist es möglich, Muster noch genauer zu erkennen, da durch eine fortwährende Nachjustierung und Verbesserung die Exaktheit der Algorithmen beständig zunimmt. Zugleich gehen mit diesem Deep Learning aber auch viele Risiken einher, denn wirklich rekonstruierbar ist der Lernprozess des Computers nicht. Es wird eine Vielzahl von Daten eingegeben, die teilweise nicht mehr nachvollziehbar ausgewertet werden. So treten unwillentlich und unbemerkt Verzerrungen auf, die unter Umständen Vorurteile und falsche Annahmen entstehen lassen, die für den Menschen nicht mehr nachvollzierbar und damit kontrollierbar sind.

Wie ersichtlich, kommt also der Auswahl der Daten eine sehr hohe Priorität zu, zugleich ist diese Auswahl aber aufgrund der unendlichen Datenmengen nicht mehr in jedem Falle überschaubar. Insofern sollte die Aufbereitung und Auswahl der Daten noch viel stärker im Vordergrund stehen als der Einsatz von Algorithmen. Gerade etwa im medizinischen Bereich kann dies zu irreparablen Verzerrungen führen.

Kann man Computern das Sehen beibringen? Es ist inzwischen möglich, Bildmaterial mithilfe Künstlicher Intelligenz zu analysieren. Somit lassen sich beispielsweise menschliche Gesichter gut erkennen, was bereits in verschiedenen Bereichen eingesetzt wird, so unter anderem bei Bankgeschäften oder bei der Identifizierung eines Handybesitzers. Aber nicht nur das. Selbst Emotionen lassen sich aus Bildern herauslesen. Aus großen Bildersammlungen ist es zudem möglich, Bilder von bestimmten Personen entsprechend zuzuordnen und zusammenzustellen. Ebenso ist es ein Leichtes, ähnliche Bilder zu kopieren und zu analysieren. Aber gerade auch im Kontext der Gesichtserkennung sind wieder Manipulationen denkbar. So ist es etwa kein Problem, durch gezielte Veränderungen aus einem Bild beispielsweise Karikaturen entstehen zu lassen.

Eine der wichtigsten Einsatzmöglichkeiten ist die Identifizierung von Personen, um die Berechtigung für eine bestimmte Nutzung zu prüfen. Gesichtserkennung wird zudem mittlerweile auch bei der Überwachung eingesetzt oder beim Schutz bestimmter Einrichtungen. Allerdings stehen auch hier soziale und ethische Fragen zur Debatte, da das Recht auf Anonymität hierdurch eingeschränkt wird. Ferner lassen sich zudem rasch Personenprofile erstellen, indem etwa Seitenaufrufe im Internet gesammelt und ausgewertet werden. Auch hier werden ethische Fragen berührt, da die Wahrung der Anonymität nicht mehr gewährleistet bleibt.

Das „Big Five-Modell", ein weltweit zugrunde gelegtes Standardmodell in der Persönlichkeitspsychologie, ist eines der bekanntesten Modelle, um eine Persönlichkeit zu umschreiben (Saum-Aldehoff, 2012). Dazu gehören Aufgeschlossenheit, Gewissenhaftigkeit, Extraversion, Verträglichkeit und Neurotizismus. Durch Sprachanalyse kann man den

Grad der Ausprägung der jeweiligen Persönlichkeitsmerkmale erfassen. Hierzu reichen in der Regel rund 3000 Wörter. Es handelt sich dabei um keine hundertprozentige Analysegenauigkeit, die Werte können aber eine Grundlage bieten für detailliertere Recherchen und exaktere Untersuchungen. Selbstverständlich ist natürlich dabei zu berücksichtigen, dass sich die Persönlichkeit in der Sprache auch nur bis zu einem bestimmten Grad entschlüsselt. So lässt sich insbesondere bei introvertierten Menschen die Persönlichkeit in den sprachlichen Äußerungen nur bedingt erfassen.

Auch bei der Analyse von juristischen oder medizinischen Texten lassen sich Ergebnisse erzielen, die Grundlage für weitere Recherchen sein können. Dies reduziert den erforderlichen Arbeitsaufwand natürlich in erheblichem Maße, da sich mithilfe der Künstlichen Intelligenz im Vergleich zum natürlichen Lesen die Lesegeschwindigkeit enorm steigern lässt.

# 6.4    Perspektiven der Künstlichen Intelligenz

Bei der Anwendung der Künstlichen Intelligenz stehen wir erst am Anfang, obwohl sie in vielen Bereichen des Alltags bereits zum Einsatz kommt und angewendet wird. Die Bedeutung der Künstlichen Intelligenz wird in den nächsten Jahren erheblich wachsen, wird sie doch mit der zunehmenden Digitalisierung immer wichtiger und unverzichtbarer. Sie erleichtert unser Leben, eröffnet viele neue Möglichkeiten und kann unsere Arbeitsbereiche auf allen Gebieten interessanter und effektiver machen. Wer die Künstliche Intelligenz rechtzeitig in vollem Umfang einbezieht und nutzt, verschafft sich Wettbewerbsvorteile, die aufzuholen zunehmend schwieriger werden wird.

In gleichem Maß wie die Zunahme der gesellschaftlichen Relevanz Künstlicher Intelligenz werden auch ethische Aspekte immer bedeutsamer, geht es doch um nichts weniger als die Wahrung der Authentizität und Freiheit des Menschen.

Mit der Künstlichen Intelligenz lässt sich die Verarbeitung von Daten einerseits erheblich beschleunigen und effektiver gestalten, andererseits aber werden damit zugleich die Anforderungen an die menschliche Intelligenz immer größer, da die Künstliche Intelligenz in vielen Bereichen die menschliche Intelligenz übersteigen kann. Eine Folge dieser Herausforderung könnte die Verleugnung, Verdrängung oder Abwertung der Künstlichen Intelligenz sein bei gleichzeitiger Unterschätzung der positiven Chancen, die sie mit sich bringt. Fraglos muss auf jeden Fall in der Aus- und Weiterbildung die Künstliche Intelligenz eine zentrale Rolle spielen, da mit ihr viele neue und originelle Entwicklungsmöglichkeiten einhergehen.

Die Welt, so wie wir sie verstehen, ist eine Konstruktion unseres Bewusstseins. Die Signale unserer Sinnesorgane werden im Gehirn in eine spezielle Realität umgewandelt. Wir haben das Gefühl, unsere Welt vollständig zu erfassen. Unser subjektives Gefühl spiegelt uns wider, dass die Wirklichkeit, die wir erfahren, so ist und nicht anders. Auf Anhieb sind wir uns nicht darüber im Klaren, dass wir nur einen winzigen Ausschnitt dessen erfassen, woraus die Welt besteht. Viele Reize nehmen wir nur ausschnittsweise wahr, zum Beispiel Lichtquellen in einem bestimmten Wellenbereich oder Schallwellen in einem bestimmten Frequenzbereich. Unsere Sinnesorgane vermitteln uns somit immer nur ein gewisses, partielles Segment der Realität. Diejenigen Reize und Eindrücke, die wir im Laufe der Evolution als (über-)lebenswichtig empfunden haben, suggerieren uns Realität. Viele physikalische Phänomene hingegen bleiben uns verborgen, beispielsweise Radioaktivität und Magnetismus. Erst mithilfe wissenschaftlicher Methoden können wir unsere Wahrnehmung erweitern, während unser Bewusstsein vieles andere ausblendet.

Ebenso ist unsere Sicht auf die Wirklichkeit auch von unseren Stimmungen abhängig oder wird zumindest davon beeinflusst. Sind wir gut gelaunt, nehmen wir ganz andere Dinge wahr als in einer emotional angespannten Verfassung. Unsere Gemütslage beeinflusst unsere Wahrnehmung außerordentlich stark. Unser Gehirn filtert also die uns umgebende Realität, um unser Überleben zu ermöglichen.

Mit der Entwicklung der Künstlichen Intelligenz hat sich auch unsere Auffassung darüber verändert, was wir unter Intelligenz verstehen. Künstliche neuronale Netze sind ein wesentlicher Bestandteil der Künstlichen Intelligenz. In unserem Gehirn befinden sich viele neuronale Netze. Die Künstliche Intelligenz versucht, dies nachzugestalten. Das menschliche

Gehirn verfügt über 80 Milliarden Neuronen, die größten Einzelchips kommen auf 35 Milliarden Transistoren. Selbst die besten Rechner können somit die Komplexität des Gehirns nicht vollständig wiedergeben. Da wir bislang gerade erst einmal ansatzweise verstehen, wie überhaupt unser Gehirn die Realität konstruiert, können wir mit Künstlicher Intelligenz bisher entsprechend auch nur sehr begrenzt das menschliche Gehirn nachkonstruieren. Insbesondere das menschliche Bewusstsein weist eine derart hohe Komplexität auf, dass die Künstliche Intelligenz bisher außerstande ist, diese Komplexität auch nur ansatzweise nachzuempfinden.

Gleichermaßen ist es bisher unmöglich, die menschlichen Empfindungen, verbunden mit dem unbewussten Denken, mithilfe der Künstlichen Intelligenz wiederzugeben. Das menschliche Gehirn hat sich die Welt auf eine bestimmte Art angeeignet, die insbesondere im Laufe der Evolution dazu diente, das Überleben und die Lebensverbesserung zu sichern. Diese Vorgänge sind dermaßen komplex, dass sie mit Künstlicher Intelligenz bisher nur ganz rudimentär überhaupt nachvollzogen werden können.

Der Mensch ist sich dessen bewusst, dass sein Gehirn lediglich einen Ausschnitt der Realität wahrnimmt und vermittelt. Es erfordert viel Fantasie und Kreativität, um das menschliche Bewusstsein zu erweitern. Allerdings kann Künstliche Intelligenz den Menschen in dem Bemühen unterstützen, neue Ausschnitte und Facetten der Realität zu erfassen. Wahrscheinlich befinden wir uns noch in einem frühen Entwicklungsstadium der Künstlichen Intelligenz. Die Geschwindigkeit, mit der die Weiterentwicklung auf diesem Gebiet allerdings vonstattengeht, lässt uns erahnen, dass wir auf dem Feld der Künstlichen Intelligenz noch auf völlig neue Bereiche stoßen werden.

Ist es denkbar und möglich, dass sich intelligente Maschinen genauso verhalten wie intelligente Menschen? Darum kreisen immer wieder die Fragen im Zusammenhang mit Künstlicher Intelligenz. Kann der menschliche Verstand mittels Computer simuliert werden?

Sicherlich gibt es Bereiche, in denen der Computer ein Vielfaches von dem zu leisten imstande sind, was dem Menschen möglich ist, etwa wenn es um die Erfassung und Erinnerung vieler Daten geht oder um Bilderkennung, bei der überaus viele Faktoren eine Rolle spielen. Die

Adaptivität jedoch ist eine ganz besondere und spezifische Stärke der menschlichen Intelligenz. Der Mensch ist in der Lage, sich sehr rasch auf unterschiedliche Situationen einzustellen und sich diesen auch anzupassen. Ein Computer ist nicht dazu imstande, sich derart schnell entsprechend umzustellen. Fraglich ist zudem, ob sich das menschliche Bewusstsein durch Künstliche Intelligenz simulieren lässt. Kraft seines Bewusstseins kann der Mensch über sich selbst nachdenken und sich auf verschiedene Abstraktionsniveaus begeben. So haben nicht wenige Philosophen immer wieder darüber gestritten, ob unsere Seele und das Bewusstsein an Materie und unseren Körper gebunden sind, oder ob sich die Seele, losgelöst vom Körper, auf einer ganz anderen Ebene bewegt.

Künstliche Intelligenz ist von ihrem Wesen her äußerst interdisziplinär ausgerichtet und damit in den unterschiedlichsten Bereichen einsetzbar. Ob es sich um logische Prozesse handelt, um Bildverarbeitung, um Philosophie oder Psychologie, hier und auf vielen weiteren Feldern ist Künstliche Intelligenz in der Lage, den Menschen zu unterstützen. Mittels Künstlicher Intelligenz lassen sich auch Wachstumsprozesse in unserer Gesellschaft enorm vorantreiben mit der Folge erheblicher Veränderungen unserer Lebensbedingungen. Denn Konsumsteigerung muss den Menschen bekanntermaßen nicht zwangsläufig glücklicher machen, sondern kann zu größerer Rivalität und Unzufriedenheit führen.

Auch die Ungleichheit der Vermögensverhältnisse nimmt immer mehr zu, da es einigen wenigen Personen und Konzernen mithilfe Künstlicher Intelligenz möglich ist, eine unglaubliche Überlegenheit und Machtfülle zu entwickeln, die die Mehrheit der Menschen in die Abhängigkeit führt. Von den Produktivitätsgewinnen sollten jedoch möglichst viele Menschen profitieren, um Gerechtigkeit herzustellen. Die Verteilungsgerechtigkeit wird eine zunehmend größere Rolle spielen, da Künstliche Intelligenz lediglich einigen wenigen Menschen beständig und zunehmend zu mehr Einfluss und Macht verhelfen kann. Durch Weiterbildung und eine breite Digitalisierung könnte entscheidendes Wissen für zunehmend mehr Menschen verfügbar gemacht werden.

Auch Prinzipien der Demokratie müssen in digitale Systeme implementiert werden, um die Autonomie des Einzelnen und eine gerechte Teilhabe an den Vorteilen der Digitalisierung besser zugänglich zu machen. Wir haben es mit neuen Kommunikationssystemen zu tun, die fair und demokratisch eingesetzt werden müssen. Ebenso ist es erforderlich, unser Rechtssystem an die Digitalisierung anzupassen, da dieses System zu einer Zeit entwickelt wurde, da man die Möglichkeiten und Auswirkungen der Digitalisierung noch gar nicht erahnte, geschweige denn kannte, und sie damit auch nicht einschätzen und berücksichtigen konnte.

Die Menschheit hat sich in Jahrmillionen der Evolution weiterentwickelt. Es stellt sich jetzt die Frage, ob mittels Künstlicher Intelligenz der Roboter dem Menschen in der Zukunft irgendwann überlegen sein könnte. Ließe sich der Mensch dann auch in seiner Arbeitskraft ersetzen? Unser Gehirn besteht aus rund 86 Milliarden Zellen und mehreren 100 Billionen Synapsen. Die menschliche Intelligenz ist in der Lage, Maschinen zu schaffen, die dem Menschen selbst irgendwann überlegen sein könnten. Der Mensch ist äußerst anpassungs- und lernfähig. Derzeit ist die Wissenschaft nach Kräften bemüht, das menschliche Gehirn zu simulieren. Stand derzeit ist: Computer können mittlerweile selbstständig lernen und entscheiden. Sie können außerdem durch „Deep Learning" eigene Entscheidungsprozesse vorbereiten und begründen.

## Literatur

Saum-Aldehoff, T. (2012). *Big Five – Sich selbst und andere erkennen*. Patmos.

# 7

# Ausblicke und zukünftige Entwicklungen

Die Wissenschaft ventiliert und diskutiert aktuell Fragen wie: Lässt sich unser Bewusstsein auf eine Maschine übertragen? Kann es ein digitales Bewusstsein geben? Muss das Bewusstsein immer an einen Körper gekoppelt sein? Wäre eventuell sogar die Digitalisierung von Bewusstsein umsetzbar? All diese Fragen erscheinen uns momentan noch ziemlich fremd. Es gibt aber bereits in der Neurologie sowie in den interdisziplinären Forschungen zur Künstlichen Intelligenz Überlegungen und Bemühungen, das Gehirn zu kartografieren und mit Computern zu verbinden (z. B. Wolf, 4. Januar 2017; Klatt, 29. August 2020). Wäre es also vielleicht möglich, mit Künstlicher Intelligenz einen virtuellen Menschen zu schaffen, der dadurch, noch weitergedacht, möglicherweise auch einen Verstorbenen wieder präsent machen könnte? Können wir gegebenenfalls auch digital weiterexistieren, selbst wenn unser Körper nicht mehr existiert? Ist vielleicht ein Ausstieg aus der Wirklichkeit denkbar, bei dem wir dann nur noch digital existieren? Und um mit Zukunftsspekulationen noch einen Schritt weiterzugehen: Können wir letztlich mithilfe digitaler Simulation sogar eine virtuelle Welt schaffen, die der realen Welt gegenübersteht? Ist es möglich, eine digitale Kopie unserer selbst zu erzeugen?

Existieren neben den realen Welten demnächst vielleicht auch digitale Welten? Lässt sich eine neue Welt mit Künstlicher Intelligenz schaffen?

Futurologen schließen nicht aus, dass es, wie in dem Science-Fiction-Film „The Matrix" von 1999 dargestellt, demnächst ein kollektives Bewusstsein geben könnte, das getrennt von unserem Körper existiert (z. B. Heylighen et al., 2002; Heylighen & Wilson, 29. September 2021a,b). Wäre es uns in der Folge möglich, auch eine Schwarm-intelligenz zu entwickeln, wie es beispielsweise andere Lebewesen, etwa die Bienen kennen? Das Gehirn wird vielleicht direkt mit dem Internet verbunden, eine unmittelbare Kommunikation von Gehirn zu Gehirn wäre denkbar. Dies würde eine Evolution der Kommunikation mit sich bringen, die wir uns heute nicht einmal ansatzweise vorstellen können. Daneben gibt es Annahmen, dass auch die Telepathie vielleicht eine immer größere Rolle spielen wird. Wir alle denken viel schneller als wir sprechen. Über Chips in unserem Gehirn könnten wir dann über das Internet miteinander kommunizieren und so neue Kommunikations-strukturen entwickeln. Unser Gehirn wäre dann mit der Cloud ver-bunden, eine Hirn-zu-Hirn-Kommunikation wäre denkbar, die einen Austausch auf telepathischem Wege gestattete.

Die Privatsphäre ist, auf der anderen Seite, allerdings unser wertvollstes Gut. Nur wenn wir dieses schützen könnten, wäre eine solche Art der Kommunikation überhaupt akzeptabel. Denn über Telepathie würde das Internet zu einem Brainnet. Komfort und Effizienz der Kommunikation wären dann allerdings der Bedrohung einer ständigen Überwachung aus-gesetzt. Die Gefahren der Zerstörung der Freiheit und des freien Wil-lens – und damit auch die Notwendigkeit ihres Schutzes – müssen stets von Neuem bewusst gemacht werden, sollen nicht wesentliche Elemente des Menschseins abgewertet und riskiert werden. Andernfalls droht das Szenario eines Lebens in einem Überwachungsstaat. Der unbegrenzte Zu-griff auf alle Gehirne und auf alles Denken würde dem Missbrauch dieser Möglichkeit Tür und Tor öffnen. Und noch weitergedacht, könnten auch Gedanken manipuliert werden und das digitale Leben würde wertlos wer-den. Wir bewegen uns auf eine immer größere Vernetzung hin, Gedanken zwischen verschiedenen Menschen wären dann ganz leicht austauschbar.

Als Gegenpol wäre im positiven Sinne unter solchen Gegebenheiten allerdings auch die Entwicklung einer Schwarmintelligenz denkbar, bei der uns die kollektive Stärke unserer Gehirne zu viel größeren Intelligenzleistungen führen würde. Wird es vielleicht möglich sein, allein über unsere Gedanken zu kommunizieren? Die Schwarmintelligenz erzeugte dann eine kollektive Intelligenz. Je größer und vernetzter die Schwarmintelligenz ist, desto größer würden dann auch die evolutionären Entwicklungsschritte sein.

Künstliche Intelligenz ist in allen Bereichen menschlichen Lebens von Bedeutung. Sie bezieht sich auf Psychologie, Wirtschaft, Technik, Medizin und viele andere Wissensgebiete. Vielleicht lässt sich die menschliche Entwicklung mithilfe der Künstlichen Intelligenz auch von ihren evolutionären Fesseln befreien, sodass mit ihr also die Ausbildung einer neuen Freiheit einherginge, die noch bei Weitem stärker selbstbestimmt wäre. Die menschlichen Fähigkeiten ließen sich durch Künstliche Intelligenz noch weit übertreffen. In diesem Zusammenhang ist sogar die Rede von Intelligenzexplosion, also von der Möglichkeit, dass sich Fähigkeiten entwickeln könnten, die die menschliche Intelligenz weit übertrifft. Eine universelle Intelligenz könnte sich in allen Wissenschaftsgebieten ausbreiten und das Leben vollkommen verändern. Mit solchen Szenarien geht aber zugleich ein Gefahrenpotenzial einher, das ständig im Blick zu behalten ist. Das Nebeneinander des Menschen mit Künstlicher Intelligenz erfordert eine stets ausgewogene Balance.

Wir können nicht davon ausgehen, dass die menschliche Existenz durch Künstliche Intelligenz unterdrückt oder ausgelöscht wird. Es wird angenommen, dass unser Universum 13,8 Milliarden Jahre alt ist. Die jetzige Phase, in der wir leben, ist daher nur ein winziger Ausschnitt in der gesamten Entwicklung. Vermutlich werden unsere Nachfahren den Kosmos erobern und bisher noch unvorstellbare Entwicklungen einleiten.

Das Bewusstsein spielt in allen Bereichen eine wichtige Rolle. Es stellt sich dabei die Frage, ob das Bewusstsein nur an den Menschen gebunden ist oder auch auf künstliche Wesen übertragen werden kann. Sollte dies tatsächlich möglich sein, wären damit Entwicklungen verknüpft, die außerhalb unseres Vorstellungsvermögens liegen. Es gilt daher, mit allergrößter Akribie Sorge dafür zu tragen, dass Künstliche Intelligenz das menschliche Bewusstsein in keinerlei Weise beeinträchtigt und also die Lebensqualität schädigt. Von daher ist es geboten, bei jeder Entwicklungsstufe der Künstlichen Intelligenz stets die menschlichen Bedürfnisse als

Richtschnur anzulegen und nicht, beispielsweise aus Experimentierfreude, neue Realitäten zu schaffen, die uns mit all ihren Konsequenzen völlig fremd und unbekannt sind.

Künstliche Intelligenz muss auch immer – bei allen Möglichkeiten, die sie bereithält – gewährleisten, dass die Selbstbestimmtheit des Menschen erhalten bleibt. So können beispielsweise algorithmischen Kontrollstrategien unser Leben beeinflussen, ohne dass wir überhaupt davon wissen und dies bemerken. Technologiegiganten sind in der Lage, unser Verhalten zu analysieren und zu lenken. Gewinnorientierte Unternehmen können die verschiedensten Daten von uns erfassen und sammeln, und zwar auf sehr geschickte Weise. So haben wir beispielsweise den Eindruck, uns mithilfe von Informationsdatenbanken einen raschen Überblick bei der Informationsgewinnung zu verschaffen. Zugleich aber werden unsere Suchanfragen analysiert und für weitreichende Geschäftsmodelle genutzt. Selbst demokratische Verhältnisse können auf diese Art ausgehöhlt werden und zu tiefen gesellschaftlichen Problemen und Verwerfungen führen. In diesem Zusammenhang spricht man auch vom digitalen Imperialismus, der noch viel zu wenig durchschaut wird.

Als Konsequenz daraus ergibt sich die Notwendigkeit, dass Bereiche des Internets vom Staat bereitgestellt werden müssten, die unabhängig sind von wirtschaftlichen Interessen. Denn Technologien müssen immer dem Menschen untergeordnet und ihm dienlich sein, um seine Freiheit zu gewährleisten. Künstliche Intelligenz allerdings ist in der Lage, Kontrollstrategien zu entwickeln, die der Lebensqualität des Menschen abträglich sind. Somit ist stets die Gefahr der Entmündigung des Menschen gegeben, sofern er nicht mehr durchschauen kann, welchen Beeinflussungen er ausgesetzt ist. Die Gesetzgebung muss Einfluss nehmen auf die digitalen Strategien und diese steuern können, wenn unsere Lebensqualität erhalten bleiben soll.

Auf der einen Seite ist die Leichtigkeit und Unkompliziertheit natürlich äußerst angenehm, mit der wir uns Informationen beschaffen und uns der Hilfsmittel bedienen können, die uns das Leben vereinfachen. Und es sind gerade diese Vorteile, die uns dazu bringen, die Bedeutung der Daten zu unterschätzen, die wir zugleich mit all diesen Annehmlichkeiten und Vereinfachungen von uns preisgeben, ohne zu durchschauen, was damit geschieht. Der Wissens- und Informationsaustausch wird immer unkomplizierter, allerdings geht damit einher, dass wir im gleichen Moment auch sehr viel von uns preisgeben. Durch Datenanalyse wird Geld verdient, ohne dass wir, jeder Einzelne von uns, daran beteiligt wären. Der Digitalisierung wird zunehmend Vorschub geleistet, da wir in erster Linie nur ihre Vorteile sehen. Dem Schutz der Privatsphäre muss aber eine höhere Priorität zugestanden werden, da wir in einer völlig vernetzten Welt immer mehr von uns preisgeben und also durchschaubarer und damit auch manipulierbarer werden.

*  *  *

In der Wissenschaft gibt es Stimmen, die die Ansicht vertreten, dass China demnächst die führende Rolle in der Entwicklung der Künstlichen Intelligenz einnehmen wird. Riesige Datenmengen und eine KI-freundliche Politik, verbunden mit einer großen Risikofreude, könnten die Führungsrolle ausbauen. Online- und Offline-Prozesse werden dabei zusehends mehr miteinander verflochten.

Es ist davon auszugehen, dass eine wachsende gesellschaftliche Ungleichheit entsteht und viele Arbeitsplätze verloren gehen werden. Deep-Learning-Algorithmen sind beispielsweise inzwischen in der Lage, Gesichter und die Sprache exakter und treffsicherer zu erkennen als der Mensch. Auch die Fähigkeit, mithilfe von Algorithmen Muster zu identifizieren, welche die Daten effizienter und zielgenauer analysieren, ist enorm hilfreich. So können etwa Einkaufswagen bereits das Gesicht eines Kunden erkennen und ihm daraufhin Produkte empfehlen. Die gekauften Produkte werden automatisch gescannt und mit dem Konto des Kunden verrechnet.

Eines der Hauptprobleme, das die Künstliche Intelligenz mit sich bringen wird, könnten die wachsende soziale Ungleichheit und der Arbeitsplatzverlust sein. Hier sind Präventivmaßnahmen so früh wie möglich in den Blick zu nehmen und zu ergreifen, um zu gerechten Lösungen zu gelangen. Die Beziehung zwischen Mensch und Maschine wird sich grundlegend verändern. Der Mensch wird zunehmend durch Künstliche Intelligenz unterstützt werden, läuft dabei allerdings zugleich Gefahr, seine Autonomie zu verlieren. Aber gerade Kontrolle und Sicherheit sind zwei wesentliche Komponenten, die dem Menschen nicht verloren gehen dürfen.

Durch Künstliche Intelligenz werden nicht nur solche Arbeitsplätze verloren gehen, die einfache Tätigkeiten umfassen und geringe Anforderungen stellen, sondern dies wird ebenso Arbeitsplätze von hoch qualifizierten und hochgebildeten Menschen betreffen. Auch das Geschäftsmodell von Billiglohnländern wird Künstliche Intelligenz zunehmend verändern, da sich die Produkte zunehmend unabhängig von menschlicher Intelligenz herstellen lassen. Aber überdies könnte sich zudem unser gesellschaftliches Leben grundlegend verändern. Der Lebenssinn läge dann nämlich nicht mehr länger in der Arbeit, sondern in menschlichen Tätigkeiten, die mit Liebe und Empathie verbunden sind. Ein bedingungsloses Grundeinkommen könnte eine wirtschaftliche Basis als Voraussetzung für ein angenehmes und selbstbestimmtes Leben ermöglichen.

Unternehmen sind gefordert, in ihrer Politik immer stärker auch die sozialen Konsequenzen ihres Agierens in den Blick zu nehmen, denn neben den Erleichterungen, die Künstliche Intelligenz für die Gesellschaft mit sich bringt, werden sich zugleich auch erhebliche Konflikte ergeben, die zu lösen eine grundlegende gesellschaftliche Herausforderung darstellen wird. Die durch Künstliche Intelligenz erzeugten Gewinne sollten, konsequent weitergedacht, auch verstärkt der gesamten Gesellschaft zugutekommen und nicht nur einigen wenigen Konzernen. Eine Möglichkeit hier wäre sicherlich die Einflussnahme durch steuerliche Lenkung.

Erst wenn menschliche Intelligenz mit Künstlicher Intelligenz zusammenkommt, ergeben sich große Möglichkeiten zur Innovation. Auf die digitale Transformation wird die Intelligenztransformation folgen. Da sich die Künstliche Intelligenz in alle Bereiche integrieren lässt, wird sie auch für unsere Gesellschaft immer bedeutungsvoller. Sie ermöglicht es, die Fähigkeiten des Menschen zu erweitern und lässt vor allem komplexe Situationen durch Algorithmen durchschaubarer werden. Insofern sind die Veränderungen unserer Gesellschaft durch Künstliche Intelligenz gar nicht zu überschätzen.

Personalisierte Suchergebnisse können Einfluss auf die freie Meinungsbildung nehmen, da sich auf ihrer Grundlage sehr rasch Interessenschwerpunkte ermitteln lassen. Privatsphäre und Pluralismus aber gilt es gerade zu schützen, und zwar immer dann, wenn sie durch Künstliche

Intelligenz eingeschränkt zu werden drohen. So gibt es beispielsweise Empfehlungssysteme, die in Suchmaschinen verankert sind und bei der Suche beeinflussen. Eine unabhängige Meinung lässt sich danach nur noch schwerlich herausbilden. Der Kontrollverlust über digitale Technologien, ohne dass sie zum Wohle aller eingesetzt werden, ist extrem hoch. Es werden immer mehr Daten generiert, die exponentiell zunehmen und das menschliche Aufnahmevermögen übersteigen. Maschinen können die Welt zunehmend besser erklären, ohne dass Menschen darauf Einfluss haben. Zwei Szenarien sind denkbar: Wir haben die Möglichkeit, uns hin zu einer lernenden Weltgemeinschaft zu entwickeln. Oder aber wir werden einem Überwachungsalbtraum ausgesetzt sein.

Die menschliche Aufnahmefähigkeit wird durch das exponentielle Datenwachstum überfordert. Die ungeheurere Geschwindigkeit der Datenentwicklung lässt sich unter anderem auch daran ablesen, dass 90 Prozent aller produzierten Computerdaten in den vergangenen zwei Jahren entstanden sind. Künstliche Intelligenz nimmt dem Menschen also nicht nur Arbeit ab, sondern sie kann ihn auch in bestimmten Bereichen vollständig ersetzen. Mittels Künstlicher Intelligenz können wir zunehmend größere Bereiche der uns umgebenden Wirklichkeit erfassen. Es gibt sogar Stimmen in der Wissenschaft, die davon ausgehen, dass in der Zukunft Maschinen in der Lage sein werden, uns die Welt zu erklären – ohne den Störfaktor Mensch! Daraus folgt: Mithilfe Künstlicher Intelligenz können wir entweder eine lernende Weltgemeinschaft werden oder aber uns zu einem Überwachungsstaat entwickeln.

Eine der wichtigsten Erkenntnisse von Sokrates lautet: Ich weiß, dass ich nichts weiß. Insbesondere das kritische Denken hat seinen Ursprung bei Sokrates. Er versuchte, durch viele Fragen sein Gegenüber zu eigenen Erkenntnissen zu bewegen. Damit wollte er seine Gesprächspartner dazu bringen, die eigenen Widersprüche zu erkennen, sich der eigenen Stärken und Schwächen bewusst zu werden, um so zu einem höheren Erkenntnisgewinn zu gelangen.

Eine weitere Säule seiner Philosophie lautet: Nichts im Übermaß! Und zudem betrachtete er den Philosophen immer als Liebhaber, nie als Besitzer der Weisheit. Hier zeigt sich das ständige Ringen um Erkenntnis durch vielerlei Fragestellungen. Seine großen Fragen waren: Wo kommen wir her? Wo gehen wir hin? Was ist gut und gerecht? Sokrates wollte seine

Mitmenschen dazu bewegen, immerfort und kritisch nach der Wahrheit zu suchen. Und er war wohl der Denker, der als erster erkannt hat, dass es keine absoluten Wahrheiten gibt. Deshalb, so sein Postulat, solle der Mensch nach allen Seiten hin offen sein, um neue Erkenntnisse zu gewinnen. Dabei dürften Alternativen niemals aus dem Blick geraten, um sicherzustellen, sich nicht zu sehr von feststehenden Auffassungen beeinflussen zu lassen. Fragen müssen nicht nur Antworten hervorrufen, sondern können ihrerseits immer auch (neue) Denkprozesse initiieren. Zudem war es für Sokrates ein wichtiges Anliegen, ständig erneut Begriffe wie Macht, Eitelkeit und Habgier zu hinterfragen. Einer seiner weiteren wesentlichen Grundsätze lautete demzufolge: Wer sein Eigenwohl fördert, fördert zugleich immer auch das der Gemeinschaft. Angesichts der Datenflut der Gegenwart wirken Sokrates' Prinzipien extrem kompliziert. Denn für Sokrates ist es ein Gebot, immerzu auch Rechenschaft abzulegen über das vorhandene Wissen und dessen Qualität. Nur ein ständiges Hinterfragen führe nämlich zu neuen Erkenntnissen und zur Wahrheit.

Nach all dem Gesagten zeigt sich, wie nahe sich die Diskussionen zur Künstlichen Intelligenz und die über zweitausendfünfhundert Jahre alten sokratischen Fragestellungen sind. Neue Kenntnisse lassen sich nur durch ständiges Hinterfragen gewinnen. Und gerade Macht, Eitelkeit und Habgier sind große Schwachpunkte in unserer digitalen Zeit. Auch dem Wohl der Gemeinschaft muss der höchste Stellenwert zugestanden werden, wenn unüberschaubare Konflikte vermieden werden sollen. Neue Erkenntnisse tendieren dazu, rasch überschätzt zu werden – und behindern so die Suche nach alternativen Lösungen. Und innovative Entwicklungsstufen machen unser Leben auf der einen Seite zwar zunehmend angenehmer, können aber zugleich auch den Blick verstellen auf Alternativen und Lösungen im Dienste des Wohls für die Gemeinschaft. Die neuen Möglichkeiten, die mit der Künstlichen Intelligenz einhergehen, verleiten dazu, kritische Fragen auszublenden und Alternativen erst gar nicht mehr in Erwägung zu ziehen. Radikale Entwicklungsfortschritte haben immer wieder dazu geführt, das Gemeinwohl nicht mehr als zentral zu sehen. Von den neuen Möglichkeiten geht oftmals eine derart große Faszination aus, dass ihre negativen Auswirkungen aus dem Blick geraten.

\* \* \*

Algorithmen haben einen immensen Einfluss auf unser Denken und Handeln und müssen deshalb öffentlich und damit transparent gemacht werden. Sie dürfen nicht geheim und „unter Verschluss" bleiben. Mithilfe von Algorithmen lassen sich komplexe Probleme in eine einfache Abfolge von Arbeitsschritten auflösen. Sie sind einsetzbar bei Problemen der Verteilungskontrolle und der Prävention. Die zuweilen gegebene Undurchschaubarkeit von Algorithmen ermöglicht es, dem Menschen – unbemerkt – zu schaden und die Wirklichkeit zu verzerren. Algorithmen sind daher ständig auf den Prüfstand zu stellen, um immer auch ihre gesellschaftliche Relevanz zu hinterfragen und durchschaubar zu machen. Sie können zudem die Grundrechte der Bürger beeinflussen. Insofern sind sie nicht nur öffentlich zu machen, sondern auch in einer Weise, die für alle Menschen verständlich ist.

In der Regel lassen sich Menschen nicht nur durch rationale Überlegungen beeinflussen. Auch Assoziationen und unbewusste Überlegungen spielen bei ihren Entscheidungen eine Rolle. Im Gegensatz dazu ermöglichen Algorithmen, Analysen sehr rational zu vollziehen – dies allerdings mit der Konsequenz, dass sie unablässig Kontrollen unterworfen werden müssen, damit ethische Prinzipien ihre Bedeutung und ihren Stellenwert behalten. Algorithmen ermöglichen, wie gesagt, die rasche Analyse riesiger Datenmengen. So werden Zusammenhänge erkannt, die Menschen normalerweise verborgen bleiben. Die schädliche Wirkung von Algorithmen hat sich immer wieder dann gezeigt, wenn bei ihrer Festlegung Vorurteile mit eingeflossen sind.

Staatliche Organisationen sind gehalten, durch Kontrolle der Algorithmen das gesellschaftliche Gemeinwohl im Auge zu behalten. Zudem sind grundsätzlich immer auch juristische Kontrollen bei der Formulierung und Definition von Algorithmen geboten. Nicht außer Acht zu lassen ist stets überdies die Frage, ob Algorithmen ethisch kompatibel sind und den Interessen des Gemeinwohls Rechnung tragen. Denn der Einsatz von Algorithmen im gesellschaftlichen Bereich kann immer wieder dazu führen, das autonome Verhalten des Menschen negativ zu beeinflussen und seiner Lebensqualität zu schaden. Es werden Prinzipien entwickelt, die inzwischen der Laie außerstande ist nachzuvollziehen. Damit ist unser Leben Einflüssen ausgesetzt, die kaum noch durchschaubar sind.

Algorithmen werden, wie gesagt, eingesetzt bei der Analyse riesiger Datenmengen, allein schon, weil deren Strukturierung dem einzelnen Menschen in der Kürze der Zeit überhaupt nicht mehr möglich wäre. Sie kommen zum Beispiel zur Anwendung im Bankenbereich, etwa bei der Kreditvergabe, im Medizinbereich bei der Diagnose von Krankheiten, im rechtlichen Bereich bei der Vorhersage von Straftaten, im technischen Bereich bei selbstfahrenden Autos. So lassen sich noch viele weitere Bereiche benennen, bei denen Algorithmen menschliche Entscheidungen unterstützen könnten – und damit zugleich aber auch möglicherweise Freiheiten einengen und Vorurteile verstärken.

## 7.1 Künstliche Intelligenz vor dem Hintergrund der Erkenntnis

Die Philosophie betrachtet sich selbst bei der Selbstbetrachtung. Auf diese Weise eröffnet sich eine weitere Ebene der Erkenntnismöglichkeiten, weil wir uns von außen her beobachten können. Nicht zu Unrecht hat die Philosophie immer wieder auch infrage gestellt, ob es so etwas wie eine objektive Wahrheit überhaupt gibt. Reicht der menschliche Verstand aus, um sich selbst und die Umwelt objektiv einzuschätzen? Alles was wir wahrnehmen und was wir Wirklichkeit nennen, ist im Grunde genommen nur eine Vorstellung der Wirklichkeit. Zudem ist unsere Realitätswahrnehmung auch stark durch unser soziales Umfeld geprägt. Wir reflektieren die Ansichten der Menschen, die uns umgeben. Sind uns diese Menschen sympathisch, neigen wir eher dazu, uns deren Auffassungen zu eigen zu machen. Auch vergleichen wir unsere aktuelle Vorstellung dazu mit unseren zurückliegenden Vorstellungen. Wenn diese übereinstimmen, sind wir eher geneigt, diese für real zu halten.

Wahrheit, Freiheit und Gleichheit – dies sind zentrale Fragen, um die die Philosophie kreist. Immer wenn wir neue Möglichkeiten entdecken, gewinnen wir den Eindruck, die Wirklichkeit erkannt zu haben. Es übersteigt dann meist unser Vorstellungsvermögen, dass es auch zukünftig Entwicklungen geben könnte, die weit über das hinausgehen, was aktueller Wissens-/Erkenntnisstand ist. Und so können wir auch bei der

Künstlichen Intelligenz unterstellen, dass sie noch wesentliche Weiterentwicklungen bereithält, die unser Vorstellungsvermögen derzeit noch schlichtweg übersteigen. Es gilt, die eigenen Gedanken immer wieder in neue Bahnen zu lenken, um so beständig Alternativen zu bestehenden Erkenntnissen zu entwickeln.

Die Selbsterkenntnis war und ist in der Philosophie immer wieder ein Ausgangspunkt, um neue Aspekte der Realität zu erkennen. Im Kontext von Künstlicher Intelligenz sei noch einmal an den bereits zuvor erwähnten und sprichwörtlich gewordenen Satz von Rousseau erinnert „Der Mensch ist frei geboren und überall liegt er in Ketten." Rousseau hat sich intensiv mit dem Freiheitsbegriff auseinandergesetzt und ihn als ein wesentliches Element des Menschseins gesehen (Rousseau, 2012). Dieser Aspekt, auf uns Heutige übertragen, bedeutet: Auch moderne digitale Technologien schränken die Freiheit des Menschen ein, da sie Informationen über Menschen sammeln, mit denen sie manipuliert werden können. Insofern ist dies nicht anderes als die Beschränkung menschlicher Freiheit, ohne dass dies von den Meisten überhaupt durchschaut würde. Natürlich wird unsere Freiheit auch eingeschränkt durch Erziehung, durch moralische Gebote, Gewohnheiten und Erbgut. Doch je mehr uns dies bewusst wird, desto wirksamer können wir unsere ethischen Prinzipien einsetzen, um zum Wohle der Gemeinschaft beizutragen. Wenn wir aber gar nicht realisieren, wann und wo unsere Freiheiten eingeschränkt werden, eben wie etwa auch bei der Digitalisierung, sind wir sehr rasch gefährdet, einen Teil unserer Autonomie zu verlieren und unseren Entwicklungsprozess zu behindern. Die Freiheit des Menschen war und ist eine hochaktuelle Frage der Philosophie, die Einfluss auf unser Leben hat.

## 7.2  Künstliche Intelligenz und Datenanalyse

Unternehmen können über Datenanalyse völlig neue Geschäftsmodelle entwickeln. Daten und Wissen stellen im 21. Jahrhundert den wichtigsten Rohstoff überhaupt dar. So lässt sich mit der Datenanalyse über am Straßenverkehr teilnehmende Autos unter Umständen mehr Geld verdienen als durch den Verkauf der Autos selbst. Dies zeigt einmal mehr nachdrücklich die Bedeutung der Datenanalyse. Mittels Künstlicher Intelligenz lässt sich eine intensive Datenanalyse vornehmen, die zu ganz neuen Geschäftsmodellen führt, da vollständig neues Wissen generiert wird, das ein Unternehmen in seiner Entwicklung rasch voranbringen kann. Auch die Schnelligkeit der Datenanalyse ist von großer Bedeutung, ist es dadurch doch möglich, zeitnah konkurrenzfähige neue Produkte zu entwickeln.

Es ist davon auszugehen, dass es eine immer effizientere Vernetzung zwischen Mensch und Computer geben wird. Computer sind zudem zunehmend besser imstande, die menschliche Leistung zu erfassen. Zugleich aber tragen sie dazu bei, vielen zu mehr Freude und Erfolg bei der Verrichtung ihrer Arbeit zu verhelfen, da ihnen Arbeit abgenommen wird. Allerdings nimmt die „Messwut", wie bereits in Kap. 3 angesprochen, immer mehr zu. Alles wird zunehmend exakter erfasst. Doch sind die Menschen sehr unterschiedlich und lassen sich eben nicht in beliebige Raster pressen. Insofern sind die Ergebnisse solcher Erhebungen immer auch unter dem Gesichtspunkt zu sehen, wie valide sie überhaupt sind bzw. sein können.

## 7.3 Künstliche Intelligenz und Gefährdungspotenziale freiheitlicher politischer und gesellschaftlicher Ordnungen

Es ist mittlerweile schlichtweg unmöglich, online zu sein, ohne dabei zugleich allerlei persönliche Daten preiszugeben. Inzwischen ist es ein Leichtes, uns zu überwachen. Unsere Interessen, unsere Absichten und unsere Methoden lassen sich problemlos erfassen und analysieren. Die Digitalisierung hat unsere Gesellschaft mittlerweile verändert – und sie wird unsere Gesellschaft zukünftig extrem verändern. Unsere Aktivitäten werden digital erfasst und kommerziell (aus)genutzt, in den meisten Fällen zu Werbezwecken und für Verkaufsinitiativen. Daten aus unserem persönlichen Bereich werden ohne unsere Zustimmung erfasst und ausgewertet. Sie werden zu einem neuen Rohstoff, den digitale Konzerne optimal zu nutzen wissen. Auf diese Weise geht gesellschaftliche Macht in die Hände einiger weniger Unternehmen über, die nicht unter demokratischer Kontrolle stehen. Vermutlich benötigen wir neue demokratische Institutionen, die die Macht digitaler Konzerne einhegt und steuerbar macht.

Neben der ungewollten Erfassung aller persönlichen Daten werden diese Daten auch zu Werbezwecken weiterverkauft. Das clevere Geschäftsmodell besteht im Wesentlichen darin, dass jeder Einzelne kostenlos Dienste in Anspruch nimmt – und damit zugleich viele persönliche Informationen von sich preisgibt, die zu geschäftlichen Zwecken genutzt werden. So werden etwa Verhaltensmuster erfasst, aber auch Ort und Zeit im Moment der Anwendung können sehr leicht bestimmt werden. Ebenso wird die Persönlichkeit des Nutzers aufgrund der Datenanalyse leicht durchschaubar. Ein Beispiel: Millionen und Abermillionen von Fotos können problemlos biometrisch ausgewertet werden – und lassen so Rückschlüsse auf die Persönlichkeit des Nutzers zu. Diese Daten werden verkauft, um auf dieser Grundlage Vorhersagen über Kaufinteressen zu machen.

Auch die Vernetzung von Geräten nimmt einen immer größeren Raum ein, wodurch die Überwachung zusehends lückenloser wird. Eine solche Überwachung und Datenerfassung dient häufig dazu, Vorhersagen über Kaufinteressen oder über politische Meinungen zu generieren. Kontrolle schränkt zudem auch die persönliche Freiheit ein und jeder Rückzugsort wird durchschaubar. Handystandorte lassen sich inzwischen sogar dann feststellen, wenn die Ortung deaktiviert und die Sim-Karte ausgebaut ist. Die meisten Menschen haben sich mittlerweile an die Datenpreisgabe gewöhnt, obwohl sie deren Auswirkungen nur teilweise durchschauen.

Die Annehmlichkeiten und die Bequemlichkeit, mit der wir uns Informationen verschaffen und mit anderen Menschen kommunizieren können, (ver)führt uns dazu, die negativen Auswirkungen ein Stück weit schlichtweg auszublenden. So schaut der jüngere Mensch im Durchschnitt 157-mal am Tag auf sein Handy – und liefert damit eine unendliche Vielzahl von Informationen. Es gibt mittlerweile sogar Sensoren an

Kleidungsstücken, die eine beunruhigende Überwachung ermöglichen. Konzerne verfügen über eine Macht, die keiner Kontrolle unterliegen und die von niemandem gewählt wurde. Überwachung schadet auch dem gesellschaftlichen Klima, da sie die persönliche Freiheit beschneidet. Gegenseitiges Vertrauen wird durch das Internet eingeschränkt, da sich jeder Mensch mit jedem anderen leichter vergleichen kann – was die Zunahme von Unzufriedenheit befördert.

Ein selbstbestimmtes Leben ist die Grundlage aller persönlichen Zufriedenheit. Wir wollen uns sozial austauschen, zugleich aber unabhängig bleiben. Nur so können wir uns weiterentwickeln und unsere Persönlichkeit entfalten. Auf die riesigen Vorteile des Internets können – und wollen – wir mittlerweile nicht mehr verzichten. Zugleich aber sollten alle verborgenen Datenerfassungen für uns sichtbar, transparent und nachvollziehbar gemacht werden. Und digitale Anbieter sollten sich zudem demokratischen Prinzipien unterwerfen und sich dazu verpflichten.

Durch Nutzung des Internets können wir uns also der Datenpreisgabe, ihrer Erfassung und Verwertung nicht mehr entziehen, und dies, ohne überhaupt zu wissen, wozu diese Datenfülle im Einzelnen genutzt wird. Wir alle stellen unsere Daten freiwillig zur Verfügung, da wir kostenfrei Informationen erhalten können und wollen. Auch das Influencer-Marketing kann uns, unbewusst, stark beeinflussen. Dabei setzen sich Freunde oder Prominente für ein bestimmtes Produkt ein, das wir sodann viel positiver einschätzen. Auch die vielen Aufrufe einer Seite, die Likes und Shares in den sozialen Medien üben einen erheblichen Einfluss aus.

Die sozialen Medien werden häufig nach Stichworten automatisch durchsucht. Daraus ergibt sich dann eine Analyse, die sehr wertvoll sein kann. Auch Mimik und Gestik lassen sich im digitalen Bereich täuschend ähnlich nachahmen und uns so in die Irre führen. Die intensive Beschäftigung mit dem Internet führt außerdem dazu, dass gerade jüngere Menschen Augenkontakten häufiger ausweichen und die Körpersprache des Gegenübers nicht mehr adäquat interpretieren können.

Unsere Daten sind für die digitalen Konzerne so wertvoll, dass sie im Austausch dafür vieles gratis abgeben. Hieraus resultieren immer wieder ethische Fragen, denen wir uns auf allen Seiten stellen müssen. Die Digitalkonzerne machen sich die Datenfülle zu eigen, um daraus extrem erfolgreiche Geschäftsmodelle zu generieren. So vollziehen sich beispielsweise strategische Firmenübernahmen immer häufiger mit der Zielsetzung, neue Ideen und kreative Mitarbeiter zu übernehmen. Information bedeutet heutzutage Macht, die in unüberschaubarem Maße ausgeübt wird. Dadurch konzentriert sich das Herrschaftswissen auf einige wenige Unternehmen, die zu ihrer Entlastung immer wieder behaupten, durch Meinungsfreiheit die Demokratie zu unterstützen.

Die Konzentration auf einige wenige Digitalkonzerne beeinträchtigt und verzerrt auch den Wettbewerb, da kleinere Unternehmen nicht mehr existieren können oder aber aufgekauft werden. Google hat in den letzten zehn Jahren einhundertzwanzig Firmen gekauft, Facebook circa achtzig! In der Wissenschaft werden solche Entwicklungen auch als Datenkolonialismus bezeichnet, da die Machtmöglichkeiten sehr asymmetrisch sind. Wer über die Daten verfügt, kann eine unüberschaubare Macht ausüben. Ursprünglich mit dem Anspruch angetreten, durch das Internet demokratische Strukturen zu schaffen oder zu stärken und den Wohlstand für alle zu erhöhen, sieht sich die Gesellschaft nun mit einer Konzentration der Daten (und damit der Macht) auf einige wenige Unternehmen konfrontiert. Durch unkontrollierte Machtausübung gewinnen so wirtschaftliche Interessen die Oberhand und kollidieren mit gesellschaftlichen und demokratischen Interessen.

Mit der Künstlichen Intelligenz kommt der interdisziplinären Vernetzung immer größere Bedeutung zu. Unsere Welt wird zunehmend komplexer, kreative Lösungen lassen sich nur durch Vernetzung und Interaktion erreichen. Es ist wie bei der menschlichen Intelligenz: Sie lässt sich nicht auf einzelne Neuronen zurückführen, sondern resultiert aus deren komplexer Vernetzung. Kreative Lösungen lassen sich immer nur dann finden, wenn wir aus ganz unterschiedlichen Bereichen Verknüpfungen erstellen, um neue Muster zu erkennen. Unsere Welt ist derart komplex, dass wir häufig sehr unterschiedliche Ansätze und Interpretationen finden, die uns neue Möglichkeiten eröffnen. Durch die großen Tech-Konzerne hat sich unsere Welt dramatisch verändert. Eine Vielzahl von Plattformen ermöglicht Vernetzungen und rasante Kommunikationsabläufe – wodurch die wirtschaftliche Macht einiger weniger Konzerne ins Extrem gesteigert werden.

Bei dem zunehmenden Erfolg und der anwachsenden Macht der Digitalkonzerne sind diese gehalten, in viel stärkerem Maße auch ihrer Verantwortung gerecht zu werden. Nur so lässt sich ihr Einfluss legitimieren. Jede positive Entwicklung ist von Wettbewerb abhängig. Er darf nicht durch überstarke und übermächtige Unternehmen behindert und eingeschränkt werden. Und es kann auch nicht sein, dass der durch das Internet geschaffene öffentliche Raum lediglich von einigen wenigen Unternehmen dominiert wird. Damit werden demokratische Prozesse untergraben und kleinere Unternehmen zugleich gänzlich ausgeschaltet. Das Internet muss offenbleiben und allen Menschen einen gleichberechtigten Zugang und Nutzen ermöglichen. Die Erbringung digitaler Dienstleistungen muss so geregelt werden, dass die Beteiligung aller unter normalen Wettbewerbsbedingungen gewährleistet ist.

Konflikte entspannen sich auch zwischen Suchmaschinen und Nachrichtenproduzenten. Informationen, die Nachrichtenmagazine bereitgestellt haben, werden von Suchmaschinen übernommen und so einer breiten Öffentlichkeit angeboten. Der Journalismus muss allerdings unabhängig bleiben, ohne von Technologieplattformen dominiert zu werden. Auch der Wettbewerb muss stets auf einer ausgewogenen und fairen Ebene erfolgen. Sobald die Dominanz der Technologieplattform zu groß wird, leidet darunter auch der Journalismus – und mit ihm ebenso die Demokratie.

Künstliche Intelligenz und Maschinelles Lernen sind die neuen Universaltechnologien. Sie sind in fast jedem Bereich einsetzbar, weil sich mit ihrer Hilfe ein hohes Abstraktionsniveau erreichen lässt. Vor allem bei der Erledigung spezieller Aufgaben erweisen sich lernende Maschinen als sehr effektiv. Komplexe Prozesse hingegen können nur in Ausnahmesituationen von lernenden Maschinen übernommen werden.

Lernende Maschinen können auch zur Ausbildung und Verfestigung von Vorurteilen beitragen, da bei ihren Abläufen die Rückmeldung nach ethischen Prinzipien fehlt. Ebenso lässt sich Empathie von Künstlicher Intelligenz nur unzureichend abbilden, da menschliches Einfühlungsvermögen mittels Künstlicher Intelligenz schwer darstellbar ist.

In der Menschheitsgeschichte hat es immer wieder sehr große Umwälzungen gegeben. Die Dampfmaschine, die Elektrizität und die Verbrennungsmotoren markieren jeweils riesige Einschnitte, die das Leben völlig veränderten. Die heutigen damit vergleichbaren Universaltechnologien sind Künstliche Intelligenz und Maschinelles Lernen. Es ist derzeit noch kaum abzusehen, welche Weiterentwicklungen und Veränderungen in Wirtschaft und Gesellschaft durch Künstliche Intelligenz ausgelöst werden. Wir sind aber noch weit davon entfernt, mit Maschinellem Lernen und Künstlicher Intelligenz bereichsübergreifend vorzugehen.

Große Fortschritte sind vor allem in der Bild- und in der Spracherkennung zu verzeichnen, da es sich hierbei um fest umgrenzte Analysen handelt. Auch in den Bereichen Kognition und Problemlösung ist es möglich, mithilfe Künstlicher Intelligenz sehr effizient zu sein. Schwierigkeiten ergeben sich dabei allerdings immer dann, wenn Lösungsschritte auf verwandte Aufgaben übertragen werden sollen. Übergeordnete Aspekte lassen sich bisher erst nur unzureichend einbauen. Häufig ist Künstliche Intelligenz nur einsetzbar, um Fragen zu beantworten, nicht aber, um Fragen zu stellen.

Die derzeitige Industrielle Revolution 4.0 wird extrem viele Veränderungen auslösen. Künstlicher Intelligenz kommt dabei ein zunehmend höherer Stellenwert zu, zugleich werden jedoch typisch menschliche Fähigkeiten wie Intuition, Ästhetik und Erfindergeist vernachlässigt. Unternehmen sind gezwungen, sich verstärkt für Netzwerke zu öffnen, da sich nur dann alle Möglichkeiten ausschöpfen lassen. Allerdings: Auch emotionalen Fähigkeiten muss in unserer Gesellschaft beständig größere Aufmerksamkeit geschenkt werden, denn unsere Welt wird zunehmend komplexer und menschliche Fähigkeiten entsprechend immer wichtiger. Die Zusammenhänge werden mehr und mehr unüberschaubar und undurchschaubar – und damit auch immer weniger beherrschbar. Auch die Zusammenarbeit in virtuellen Räumen erfordert neue soziale Fähigkeiten, zudem werden Hierarchien immer weiter abgebaut und der Projektarbeit kommt ein immer höherer Stellenwert zu.

\* \* \*

Plattformen und Netzwerke können mithilfe der Künstlichen Intelligenz sehr erfolgreich betrieben werden. Dabei werden die Netzwerkkategorien inzwischen wichtiger als die Produkte selbst. Online-Plattformen sind Marktplätze, die es Anbietern und Nutzern ermöglicht, direkt miteinander in Kontakt zu treten und auch untereinander zu kommunizieren. Der Netzwerkgedanke gewinnt aufgrund der unmittelbaren Interaktion zwischen Anbieter und Konsument einen zunehmend größeren Stellenwert. Durch die Plattformen lassen sich die Adressaten und potenziellen Käufer wesentlich schneller und zielgerichteter erreichen. Zugleich werden auch anderen Anbietern Möglichkeiten eröffnet, Produkte zu offerieren.

Diese Netzwerkstrukturen haben sich inzwischen als äußerst erfolgreich erwiesen. Anbieter, die nicht auf diesen Plattformen vertreten sind, haben wesentliche Nachteile, da der Kontakt zu den Kunden ungleich komplizierter ist. Gerade die einfache Kontaktaufnahme ermöglicht rasche und mühelos abzuwickelnde Geschäfte, bei denen der herkömmliche Handel schlichtweg nicht mithalten kann. Ebenso gestaltet sich die Zahlungsabwicklung problemlos, da Kreditkarten eingesetzt werden und der ganze Vorgang online erfolgt.

Über Plattformen können Kunden viel gezielter hinsichtlich ihrer Bedürfnisse angesprochen werden, Wünsche und potenzielles Kaufverhalten sind mittels Algorithmen leichter zu erfassen. Der Aufwand für den Kaufprozess insgesamt ist wesentlich geringer als im normalen Handel. Auch die Schnelligkeit der Kaufabwicklung wird erheblich gesteigert. Die Kreditwürdigkeit des Verbrauchers lässt sich leichter analysieren und auch die Wahrscheinlichkeit einer unkomplizierten Zahlungsabwicklung ist vorhersehbar. Dies alles lässt den gesamten Kaufprozess unkomplizierter werden im Vergleich zum Handel vor Ort. Die digitale Kommunikation gestattet es, die nachgefragten Bedürfnisse wesentlich schneller zu befriedigen.

Der permanente Fortschritt verlangt dem Menschen eine emotionale wie geistige Weiterentwicklung ab, wobei dies nicht vorbehaltlos positiv zu sehen ist. Nicht alles, was machbar ist, muss auch getan werden. Denn nicht zuletzt hat der technische Fortschritt Auswirkungen auf die Psyche und auf die Gesellschaft insgesamt. Infolge der enormen Zugänglichkeit zu Informationen aller Art wird auch der Konsumzwang ständig größer. Die Leichtigkeit, mit der wir uns Produkte verschaffen können, hat auch einen enorm manipulativen Charakter.

Die Schnelligkeit der Digitalisierung überfordert den Menschen oft. Und manche Produkte machen ihm zudem bewusst, wie unvollkommen er ist und in welch hohem Maße die Digitalisierung ihn auch überfordern kann. Der Mensch erweist sich als ein Mängelwesen, das sich in Teilbereichen dem technischen Fortschritt unterlegen fühlen muss. Dies kann zu einem übersteigerten Narzissmus führen oder zu einer Verleugnung der Realität.

Die Kommunikation erfolgt auch zunehmend über Bilder, was eine Reduzierung des Abstraktionsvermögens und eine Vereinfachung der Kommunikation zur Folge haben kann. Auch reicht unser Vorstellungsvermögen häufig nicht aus, um die Folgen der Digitalisierung überhaupt annähernd zu durchschauen. Ebenso bewirken die Beschleunigung der Optimierung und die Veränderungen von Produkten beim Einzelnen immer wieder Mangelerlebnisse und Anpassungsprobleme.

Auch die Sinnfindung stellt für viele Menschen ein zunehmend größeres Problem dar, nicht zuletzt, weil sie sich in ihrer Arbeit immer weniger verwirklichen können. Die Diskrepanz zwischen digitalen Möglichkeiten und menschlichem Vermögen nimmt beständig zu. Und nicht zuletzt ist auch die Gefahr gegeben, dass durch die Attraktivität der Kommunikationsmedien die Selbstreflexion ständig weiter zurückgeht und auf der Strecke bleibt. Die positiven Auswirkungen der Digitalisierung sind daher stets im Zusammenhang mit den negativen Folgen zu sehen. Zunehmende Manipulationsmechanismen und Attraktivität von Kommunikationsformen und Informationsbeschaffung bergen die Gefahr, uns einzuschränken, ohne dass wir dies wahrnehmen.

Viele neue Erkenntnisse über die menschliche Intelligenz führen zu veränderten Sichtweisen. Die Gehirnfunktionen lassen sich verbessern, indem den Gehirnzellen mehr Sauerstoff zugeführt wird und sie die richtigen Nährstoffe erhalten. Neuronen können dann neu wachsen und in der Folge mit der größeren synaptischen Dichte die kognitive Kapazität verbessern. Kognitive Trainingstechniken der Stressreduzierung, viel körperliche Bewegung und mediterrane Ernährung tragen ebenfalls dazu bei, die Gehirnleistung zu verbessern. Für kognitive Funktionen sind auch Omega-3-Fettsäuren wichtig, da sie das Wachstum der Neuronen unterstützen. Omega-3-Fettsäuren finden sich beispielsweise in Fisch, etwa in Lachs, Makrelen oder Thunfisch. Und da das Gehirn zu 75 Prozent aus Wasser besteht, ist von daher ebenso für seine Funktionstüchtigkeit die Aufnahme von Flüssigkeiten ganz entscheidend.

Für unser Lernen und unser Gedächtnis ist der Hippocampus als ein wesentlicher Teil des Gehirns zuständig. Die Neuronen im Hypocampus können während des gesamten Lebens neu gebildet werden, ein Prozess, der bis ins hohe Alter anhalten kann. Auch durch kontinuierliches Lernen und kognitives Training wird die menschliche Intelligenz verbessert. Das Gedächtnis, die Sprache und auch die Problemlösungskompetenz lassen sich fortwährend trainieren. Dies ist beispielsweise möglich durch tägliches Lesen, durch das Erlernen neuer Sprachen oder auch durch kreative Tätigkeiten wie schreiben, dichten und dergleichen.

Auch im Schlaf ist unser Gehirn weiterhin aktiv, aber auf anderen Ebenen. So werden in diesen Phasen etwa Inhalte vom Kurzzeitgedächtnis auf das Langzeitgedächtnis übertragen. Die Steigerung der Intelligenz basiert im Wesentlichen auf einer Erhöhung der Anzahl der Verbindungen zwischen den Nervenzellen. Dies lässt sich erreichen durch eine aktive Lebensweise, die das Gehirn unablässig stimuliert. Von besonderer Bedeutung ist es ebenso, sich ständig neuen Inhalten zuzuwenden. Hierdurch werden Interessen und Motivation nachhaltig stimuliert.

Wenn wir unser Wissen über das Gehirn auf die Künstliche Intelligenz übertragen, ist davon auszugehen, dass die ständig von Neuem stattfindende Verknüpfung und Analyse von vormals unbekannten Inhalten zu neuen Erkenntnissen führen. Intelligente Algorithmen sind in der Lage, riesige Datenmengen zu analysieren und Verbindungen herzustellen, die zu leisten die normale menschliche Intelligenz gar nicht imstande ist. Die Steigerung der Künstlichen Intelligenz durch Vernetzung lässt sich vergleichen mit der Erhöhung der menschlichen Intelligenz durch die Verknüpfung von Neuronen.

Sicherlich gibt es Wissensbereiche, die selbst die Künstliche Intelligenz zu erfassen (noch) nicht imstande ist. Auch in der Kunst gibt es Schöpfungen, die mittels Künstlicher Intelligenz bisher nicht nachvollzogen werden können. Das Unterbewusste und selbst Tagträume können uns in neue Bereiche des Erlebens führen. Möglicherweise existiert ein utopisches Noch-nicht-Bewusstsein, das uns verborgen ist. Die Realität ist bekanntlich zum Teil auch nur ein Schein, der uns das Wahre nicht erkennen lässt. Verborgene Trauminhalte der Seele können uns andeutungsweise erfahren lassen, welche anderen Realitäten es gibt. Für den Philosophen Ernst Bloch (1885–1977) ist die Utopie keine feste Vorstellung, sondern vielmehr ein noch nicht verwirklichtes Potenzial. Als einer der führenden Vertreter der Auseinandersetzung mit dem Expressionismus während der ersten Jahrzehnte des vergangenen Jahrhunderts stellte er den Geist der Utopie ins Zentrum seines Denkens und seiner Überlegungen. Den Ursprung aller Politik und Kultur sieht er in der Seele, die wir jedoch nur zum Teil durchschauen. Hinter dem Tatsächlichen gibt es eine Wahrheit, die sich vermutlich durch Künstliche Intelligenz nicht entdecken lässt. Auch das Träumen kann uns neue Wahrheiten und Realitäten eröffnen, die wir bislang für utopisch halten.

Nach Bloch sind unsere Träume der Wahrheit und Realität näher als die tatsächlichen Gegebenheiten. Unser Bewusstsein kann sich noch erheblich weiterentwickeln, ohne dass wir dies bislang auch nur erahnen könnten. Vielleicht benötigen wir eine neue Erkenntnistheorie, die uns Möglichkeiten verschafft, Dinge und Einsichten hinter der normalen Realität zu entdecken. Nicht auszuschließen sind eine zweite Realität und eine zweite Wahrheit, die weit von unserem Vorstellungsvermögen entfernt liegt.

Jeder Mensch hat auch irrationale Seiten, die wir allerdings häufig abwerten und als utopisch bezeichnen. Dennoch ist es denkbar, dass diese irrationalen Seiten eine weitere Realität widerspiegeln, die für uns kaum vorstellbar ist. Das alltägliche Leben mit seinen Erfordernissen und Ansprüchen entfernt uns immer wieder von tieferen Einsichten, die zu erahnen uns überhaupt nur im entspannten Zustand gelingt. Auch ist denkbar, dass der Mensch dazu in der Lage wäre, neue Erkenntnisse zu gewinnen, wenn er denn nicht so stark vom alltäglichen Leben vereinnahmt würde.

Gleichermaßen erschließen uns ebenso Kunst, Philosophie und Religion neue Lebensbereiche, die wir normalerweise verdrängen oder nur andeutungsweise erspüren. Die menschliche Seele enthält vielleicht auch göttliche Anteile, die zu erahnen uns vielleicht nur im Traum möglich ist. Für Bloch manifestiert sich der Geist der Utopie jedenfalls insbesondere in der Kunst, in der Musik und in der Mystik. Auch umreißt die Utopie keine feste Vorstellung, sondern enthält ein noch nicht verwirklichtes Potenzial. Hinter dem Tatsächlichen muss es noch eine zweite Wahrheit geben, die wir nur erahnen können. Insofern sind unsere Träume möglicherweise der Wahrheit und Realität sogar näher als die tatsächlichen Umstände.

Unser Bewusstsein kann vieles noch nicht erfassen oder sich vorstellen. Dieses erscheint uns vielmehr dunkel und verborgen, sodass wir um diese Dinge weder wissen, noch sie erahnen können. Die sichtbare Welt enthält viele Illusionen, die zu durchschauen wir nicht in der Lage sind. Hier kann für Bloch gerade die Kunst eine erlösende Funktion einnehmen, da sie uns neue Möglichkeiten eröffnet. Eine übersinnliche Welterkenntnis lässt sich immer nur erahnen, sie lässt sich durch Fantasie aber zumindest andeutungsweise erspüren.

Künstliche Intelligenz führt uns vielleicht einen kleinen Schritt weiter hin zu neuen Erkenntnissen. Allerdings: Die Verarbeitung von Erkenntnissen kann uns zwar dabei unterstützen, Beziehungen und Strukturen zu durchschauen, neue Erkenntnisse der tieferen Realität bleiben uns aber verborgen. In unserer vordergründigen Realität sind wir zumeist zu sehr beschäftigt mit materieller Sicherheit, narzisstischer Bestätigung und kommunikativer Abwechslung. Unsere Triebe und Instinkte lenken uns in bestimmte Richtungen, die von tieferen Erkenntnissen wegführen. Macht, Einfluss und Unabhängigkeit erfordern viel Energie, die sich eigentlich für die Einsicht in neue Erkenntnisse besser einsetzen ließen. Mit großer Wahrscheinlichkeit gibt es andere Welten und Erkenntnisse, die uns immer verborgen bleiben werden.

Das Geld hat sich in erheblichem Maße auf den Lebensstil und die Beziehung der Menschen untereinander ausgewirkt. Ursprünglich als Tauschmittel gedacht, hat es inzwischen vielerlei andere Funktionen übernommen. Durch Geld entsteht eine Entfremdung, die dem Menschen das Zusammenleben erschwert. Zu Beginn der gesellschaftlichen Entwicklung hat es eine Tauschwirtschaft gegeben. Mit der Ablösung dieses Tauschhandels durch das Geld veränderten sich dadurch zugleich auch die interpersonalen Beziehungen, da es nun weniger erforderlich wurde abzuwägen, in welcher Beziehung die Dinge, in welcher Beziehung die Menschen sich zueinander verhalten.

Mittels des Geldes wird lediglich das Wertverhältnis zwischen den Dingen auf abstrakte Weise dargestellt. Für den Einzelnen wäre Geld sinnlos, da es seinen Wert doch erst im menschlichen Miteinander von

Beziehungen erhält. Mit dem Aufkommen des Geldes ging zugleich eine Steigerung der menschlichen Freiheit und eine Einengung des Lebenssinns einher. Sobald das Geld eine bestimmte Dimension übersteigt, verliert es seinen ursprünglichen Wert, da sich die absolute Freiheit, die der Mensch durch Geld erhält, ab einer bestimmten Größe nicht weiter erhöht – und eventuell sogar Nachteile mit sich bringen kann, ausgelöst durch den Neid anderer.

Die Schwächung sozialer Bindungen durch Geld wirkt auch in den Familienzusammenhalt hinein. Er erfährt Lockerungen und wird loser, da ein jedes Familienmitglied sich leichter unabhängig machen kann und so die familiären Beziehungen als Folge zuweilen nicht mehr im Vordergrund stehen. Auch die sonstigen zwischenmenschlichen Beziehungen beeinflusst Geld in erheblichem Maße, verführt es doch zunehmend dazu, narzisstische Bedürfnisse zu befriedigen, die in der Folge ‚normale‘ menschliche Beziehungen erschweren.

Durch Geld können keine objektiven Wahrheiten wiedergegeben werden, sondern lediglich subjektiv gefärbte Einschätzungen. Nur in der Kunst ist es dem Menschen möglich, sich eigentlichen Werten zuwenden, die die Schönheit und Sittlichkeit wiedergeben. Bereits durch Arbeitsteilung und Geldwirtschaft ist also eine Entfremdung eingetreten, der sich der Mensch nur schwer entziehen kann. Durch Künstliche Intelligenz aber kann dem Geld ein noch wesentlich höherer Wert zukommen, da es sich zunehmend auf immer weniger Personen und Unternehmen konzentriert. Die Gefahr besteht in wachsenden Abhängigkeiten des Durchschnittsmenschen von den Kommunikationsmedien und künstlich geschaffenen Werten. So kommt dem Geld eine immer größere Bedeutung zu, da es sich fortwährend einfacher vermehren lässt und eine immer größere Distanz schafft zwischen einigen Wenigen sowie Unternehmen im Gegensatz zum Gros der Gesellschaft. Geld dient dann immer mehr der Machtausübung und ermöglicht die Schaffung von Abhängigkeiten, denen sich der Einzelne nicht mehr entziehen kann. Privilegiertes Wissen eröffnet ungeahnte Möglichkeiten zur Manipulation und Machtausübung auf der Grundlage von Geld.

\* \* \*

Künstliche Intelligenz wirft, wie schon mehrfach angesprochen, auch philosophische Fragen auf. Die Art des menschlichen Denkens über die Wirklichkeit verändert sich durch Künstliche Intelligenz. Wir gewinnen neue Sichtweisen und können unsere Art zu denken neu strukturieren. Bislang unbekannte Bereiche der Realität werden erschlossen, die Wahrnehmung der Wirklichkeit ist Veränderungen unterworfen. Auch die Tatsache, welche Daten von uns gesammelt werden, können wir nicht mehr über- und durchschauen – und verlieren damit Möglichkeiten der Selbstbeeinflussung. Wenn andere Menschen mehr über uns wissen als wir selbst, bedeutet dies nichts weniger als den Verlust eines Teils unserer Selbstständigkeit. Damit werden wir manipulierbar – mit der Folge, dass sich in unseren Gesellschaften neue Machtstrukturen entwickeln. Wahrnehmungsbereiche werden erweitert und die Strukturierung von Informationen wird wesentlich einfacher.

Menschliches Leben wird zunehmend von Algorithmen gesteuert. Die Erklärungskraft des Menschen kann in bestimmten Bereichen von der Künstlichen Intelligenz übertroffen werden. Jede gewünschte Information ist inzwischen bequem im Internet abrufbar. Damit ist aber auch die Gefahr gegeben, dass unser Gehirn zu viel Information verarbeiten muss und überfordert wird. Künstliche Intelligenz ist in diesem Zusammenhang äußerst hilfreich, kann sie doch Informationen für uns aufbereiten. Der ehemalige Außenminister der USA, Henry Kissinger, brachte hierzu einmal ein anschauliches Beispiel aus der Geschichte: Die Inkas wurden von den Spaniern mit ihrer höher entwickelten Kultur erobert – und gingen dadurch unter. Auch unser kritischer analytischer Verstand kann durch Algorithmen in Gefahr geraten. Informationen sind sehr leicht abrufbar und zu verarbeiten, zugleich wird ihre Bedeutung häufig aber nicht deutlich eingeordnet. Daten beherrschen immer mehr unser Leben und erschweren das authentische Zusammenleben. Auch Meinungen können im Internet sehr schnell verbreitet werden, übertriebene Darstellungen sind leicht zu formulieren und ihr Einfluss häufig nicht mehr überschaubar. Der Mensch muss sich seine Individualität bewahren und darf sich nicht von Algorithmen beherrschen lassen.

# 7.4    Verschiedene Arten der Intelligenz

Es gibt den Begriff der multiplen Intelligenzen. Damit ist gemeint, dass es ganz verschiedene Arten der Intelligenz gibt. Unter Intelligenz wird auch die Ansammlung von Fähigkeiten verstanden, die ein Mensch entwickelt hat. Wahrscheinlich ist es falsch, davon auszugehen, dass es nur eine generelle Intelligenz gibt. Vielmehr lassen sich multiple Ausprägungen von Intelligenz unterscheiden, zum Beispiel die linguistische, die kognitive, die emotionale, die musikalische, die räumliche, die logisch-mathematische Intelligenz. Intelligenztests allerdings messen normalerweise nur logische und linguistische Fähigkeiten.

Unter Intelligenz wird ein Bündel von Fähigkeiten verstanden, mittels dessen sich kognitive oder auch andere Probleme lösen lassen. So ist die symbolische Darstellung ein zentrales Kriterium für Intelligenz. Unter räumlicher Intelligenz werden beispielsweise die Fähigkeit eines räumlichen Vorstellungsvermögens sowie das Orientierungsvermögen im räumlichen Bereich gefasst. Schauspieler und Tänzer gewinnen hingegen eine sehr starke Ausdruckskraft durch ihre körperliche, ästhetische Intelligenz. Die interpersonale Intelligenz wiederum ermöglicht es, die Kommunikation mit anderen Menschen optimal zu gestalten. Über intrapersonale Intelligenz verfügen Menschen mit einem hohen Reflexionsvermögen über sich selbst, das auch die tieferen Schichten ihrer Seele gut ausloten kann. Emotionale Intelligenz zeichnet Menschen aus, die sehr erfolgreich sind im Umgang mit anderen Menschen, da sie deren Emotionen stark einbeziehen und konstruktiv damit umgehen können.

Unsere Welt wird auf sehr unterschiedliche Arten interpretiert und ist auch unterschiedlich interpretierbar. Selbst eine hohe Intelligenz kann immer nur einen Teilbereich erkennen, da jede Ausprägung von Intelligenz auch an ihre Grenzen stößt. Künstliche Intelligenz kann die normale Intelligenz zwar erweitern, sie ist aber nicht dazu in der Lage, unsere vorhandene Wirklichkeit vollständig zu durchschauen.

Wieso ist das Lernverhalten von Computern ähnlich dem unseren? Computer werden ständig schlauer, jeden Tag lernen sie hinzu. Die Kapazität erweitert sich fortlaufend und die Möglichkeiten nehmen mehr und mehr zu. Alle fünf Jahre werden Rechner ungefähr zehnmal billiger. Dies heißt nichts anderes als: Die neuronalen Netzwerke werden bei gleichem Preis immer größer und leistungsfähiger. Insbesondere die Bearbeitung von Sequenzen, die überall zu beobachten ist, wird erheblich erleichtert und beschleunigt. Über Kameras und Mikrofone werden Sequenzen von Daten erfasst, die eine unglaubliche Vielfalt widerspiegeln. Sprachverarbeitung, Übersetzung, Bilderkennung und Textverständnis können sequenziell erfolgen.

Angesichts nicht zuletzt solcher Gegebenheiten stellt sich auch immer wieder die Frage, ob sich die Künstliche Intelligenz der normalen menschlichen Intelligenz annähert. In vielen Bereichen ist die Künstliche Intelligenz heutzutage hoch spezialisiert – und in diesen Bereichen dann der menschlichen Intelligenz auch überlegen. Allerdings kann Künstliche Intelligenz häufig nicht die Vielfalt der menschlichen Intelligenz erreichen. Dennoch gibt es mittlerweile aber schon Modelle Künstlicher Intelligenz, die zehn oder zwanzig sehr unterschiedliche Aufgaben zu bewältigen imstande sind.

Viele Unternehmen verfügen über eine Vielzahl von Daten, die sie bisher erst ansatzweise auswerten oder mithilfe Künstlicher Intelligenz analysieren. Die Spezialisierung dieser Unternehmen ist derart prägnant, dass sich dies durch allgemeine Künstliche Intelligenz nicht widerspiegeln lässt. Erst die Kombination dieser speziellen Daten mit ausgefeilten Möglichkeiten der Künstlichen Intelligenz kann völlig neue Ergebnisse erzielen.

Viele Mittelständler haben Zugriff auf eine Vielzahl von Datensätzen, die sich mittels Künstlicher Intelligenz auswerten und analysieren lassen. Dies geschieht bisher zwar erst ansatzweise, eröffnet aber ein hochinteressantes Potenzial. In der Wissenschaftsgeschichte hat in diesem Zusammenhang insbesondere der Wissenschaftler und Philosoph Gottfried Wilhelm Leibniz (1646–1716) grundlegende Erkenntnisse gewonnen. So war er einer der ersten, die das Binärsystem entdeckten (Leibniz, 1987), welches heute die Grundlage für alle Bereiche der Künstlichen Intelligenz bildet. Der österreichische Mathematiker Kurt Gödel (1906–1978) hat allerdings bereits 1931 erkannt, dass es Grenzen des Berechenbaren gibt (Gödel, 1931; Schmidhuber, 2021). Viele Fragen lassen sich eben nicht durch Rechenfunktionen beantworten.

Gottfried Wilhelm Leibniz war einer der bedeutendsten Mathematiker aller Zeiten. Er war zugleich Jurist, Historiker und Philosoph – und der letzte Universalgelehrte. Alle modernen Rechner lassen sich auf Ideen von Leibniz zurückführen. Leibniz entwickelte, wie gesagt, binäre Systeme, die einfacher zu handhaben waren als Dezimalsysteme. Bei seinen Überlegungen unterstellte er, dass sich alle möglichen Fragen durch Berechnungen aufklären lassen. Dem widersprach der Mathematiker Gödel, indem er aufzeigte, dass es Grenzen im Berechnen und in der Logik von Sachverhalten gibt. 1931 führte dann der Wissenschaftler Konrad Zuse (1910–1995) den ersten programmierbaren Allzweckrechner ein, der auf dem binären System beruhte (Zuse, 2021).

Der Philosoph und Naturwissenschaftler Leibniz befasste sich intensiv mit dem Leib-Seele-Problem. Er bewegte sich dabei in Richtung Metaphysik. Ihn beschäftige insbesondere die Frage, wie wir ewige Wahrheiten erkennen können, wenn unser Verstand doch begrenzt ist. Er ging davon aus, dass die Seele des Menschen eine Monade ist, das heißt, eine einfache, unsterbliche Substanz. Er versuchte, auch antike Auffassungen und Positionen der Scholastik in seine Gedanken und Ausführungen einzubeziehen. Leibniz war zudem ein Wegbereiter der Aufklärung, deren Ideen später die Philosophie und Wissenschaft revolutionierten.

Die Frage nach dem Erkennen von ewigen Wahrheiten war für Leibniz zentral. Er ging davon aus, dass eine Maschine nie in der Lage werde sein können, Vorstellungen hervorzubringen. Denn unsere Erkenntnisse gewinnen wir durch Reflexionen und durch Empfindungen, die in unserem Körper ablaufen. Der organische Körper ist durch nichts zu übertreffen, alle künstlichen Konstruktionen bleiben dahinter weit zurück. Ethische Fragen behandelte Leibniz ebenso wie physikalische, wobei er stets von der Macht der Vernunft ausging. Der Anspruch der Aufklärung war, die Welt allein durch Vernunft zu durchschauen und zu formen. Hierbei nahm Leibniz zentrale Themen der Aufklärung vorweg und hat sich mit ihnen auseinandergesetzt. Im Zuge dessen beschäftigten ihn auch Gottesbeweise, für die er vernunftmäßige Begründungen entwickelte. In diesem Zusammenhang verbindet er religiöses Vokabular mit mathematischen Theoremen und ethischen Fragen. Er unterstellt, dass wir erkennen würden, dass das Universum nicht besser geordnet werden könnte, wenn unser Verstand mehr durchschauen würde. Alle

Körper verändern sich, die Seele, so Leibniz, kann dabei den Körper nach und nach wechseln. Künstliche Intelligenz kann demnach nur andeutungsweise unsere Welt erklären.

## 7.5 Künstliche Intelligenz und extraterrestrische Phänomene

Phänomene, die am Himmel über uns zu beobachten sind, führten über Jahrtausende hinweg zu chronischen Fehlinterpretationen. Die Erde wurde begriffen als der Mittelpunkt der Welt, ehe man erkannte, dass sie sich um die Sonne bewegt. Mond- und Sonnenfinsternis wurden entsprechend falsch gedeutet, da man die Umlaufbahnen nicht wirklich erkannte. Anderes Beispiel: Um den Polarkreis werden immer wieder Lichtbälle beobachtet, auch hier waren die Erklärungen für sie über lange Zeit schlichtweg falsch. Zudem unterstellte man, dass es in anderen Sonnensystemen keine Planeten, vergleichbar denen der Erde, geben könne. Mittlerweile hat die Astrophysik mehr als fünftausend Exoplaneten nachgewiesen – und sie geht davon aus, dass es noch unendlich mehr davon gibt.

Allein unsere Milchstraße beherbergt vermutlich über vierzig Milliarden erdgroße Planeten. Sie alle sind bisher weitgehend unerforscht. Möglicherweise werden sie sich mithilfe Künstlicher Intelligenz ein wenig besser analysieren lassen. Auch das Leben auf unserer Erde wird vermutlich in einigen hundert Millionen Jahren, unabhängig vom Klimawandel, nicht mehr möglich sein, da die Erde sich zu sehr erwärmen wird.

Die Milchstraße ist umgeben von Milliarden weiterer unerforschter Galaxien. Ob es außerirdisches Leben gibt, kann folglich überhaupt (noch) nicht beantwortet werden, da unsere wissenschaftlichen Möglichkeiten schlichtweg bisher dafür nicht ausreichen. Seit dem Urknall vor rund 13,8 Milliarden Jahren hat sich unglaublich viel verändert. Wie sich das Weltall weiterentwickelt, ist absolut nicht zu durchschauen. Und der Nutzen der Künstlichen Intelligenz bei diesen Bemühungen muss sich erst einmal noch erweisen.

Auch stellt sich in diesem Zusammenhang die Frage nach einer außerirdischen Intelligenz. Möglicherweise ist sie für uns nur deshalb überhaupt nicht vorstellbar, weil unsere eigene Intelligenz einfach nicht hinreicht, sie zu erkennen. Ebenso ist die Vielzahl von Meteoritenmaterial, das auf die Erde fällt, in keiner Weise vorhersehbar und also auch nicht berechenbar. Es gibt ungezählte Rätsel, die sich die Menschheit wird nie erklären können. Auf der anderen Seite mag es möglicherweise extraterrestrische Intelligenzen geben, die uns Millionen von Jahren voraus sind und sich unserer Vorstellungskraft entziehen.

Unsere Theorien über die Welt und über den Kosmos sind noch weitgehend unvollständig und geben allenfalls andeutungsweise Auskünfte. Wir leben in einem ‚Nebenarm der Milchstraße', der 25.000 Lichtjahre vom Mittelpunkt entfernt ist – unvorstellbar! Allein in unserer Milchstraße gibt es viele Milliarden Sterne und viele Milliarden Galaxien. Die Frage, ob es dort irgendeine Art von Leben gibt – lässt sie sich überhaupt irgendwann einmal beantworten? Die Distanzen und Dimensionen sind derart riesig, ja unermesslich, dass dies unsere Vorstellungskraft schlichtweg übersteigt.

Ob uns Künstliche Intelligenz dabei unterstützen kann, unser Vorstellungsvermögen zu erweitern, wird sich zeigen. Die Grenzen der menschlichen Intelligenz jedoch werden immer bestehen bleiben. Künstliche Intelligenz kann uns vielleicht die ein oder andere neue Möglichkeit eröffnen, da wir mit ihrer Hilfe Daten und Informationen besser verarbeiten können.

\* \* \*

Allein durch Gesichtserkennung ist es in China bereits in einigen Geschäften möglich zu bezahlen. Je mehr Daten wir verfügbar haben, desto besser funktioniert die Künstliche Intelligenz. Auch verschiedene Aspekte in unserer Umgebung können wir nicht durch Worte erklären, sie lassen sich aber dennoch analysieren und vorhersehen. Hier spielt wieder vor allem Deep Learning eine wesentliche Rolle: Systeme lernen eigenständig und verbessern sich so auch ständig.

Auch der Arbeitsplatz der Zukunft erfordert neue Möglichkeiten. Datenanalyse steht im Vordergrund. Wo auch immer wir hingehen, erzeugen wir Datenspuren, die wir kaum wieder löschen können. Wenn wir wüssten, welche Daten von uns allüberall erfasst werden, würden wir ein viel ausgeprägteres Bewusstsein für Verantwortlichkeit und Ethik entwickeln.

Künstliche Intelligenz hat sich als besonders geeignet erwiesen, Kapital in einigen wenigen Händen anzusammeln. Damit aber wird Machtausübung undurchschaubar, die Souveränität des Einzelnen wird beschnitten. Verhaltensvorhersage wird zum neuen Geschäftsmodell und im Marketingbereich inzwischen extrem genutzt. Auch ist die Gefahr eines Überwachungsstaates gegeben, bei dem demokratische Kontrollmechanismen durch die Gemeinschaft behindert werden. Menschen können mittlerweile per Gesichtserkennung und durch die Art ihres Ganges identifiziert werden. Die Installation einer Vielzahl von Kameras in einigen Staaten führt bereits jetzt dazu, dass die Kontrolle über die meisten Menschen ein hohes Ausmaß erreicht hat. Insofern sind Diskussionen über den Datenschutz grundlegend und extrem wichtig, da mit seiner Hilfe die Lebensqualität des Einzelnen erweitert wird. Vielen Menschen ist noch nicht bewusst, welche Fähigkeiten Kameras haben. Gesichts- und Gefühlserkennung sind bereits möglich. Identifizierung und Ortung von Menschen kann schnell erfolgen.

## 7.6     Die Zukunft der Künstlichen Intelligenz

Die Menschheit ist vor ungefähr 200.000 Jahren entstanden. Seitdem haben sich viele und gravierende Veränderungen vollzogen. Und doch geht die Wissenschaft zugleich davon aus, dass auch vieles gleichgeblieben ist. Nichts hat sich derart rasant entwickelt wie die Computertechnologie. Sie wird uns demnächst ermöglichen, für jedes Ding, jeden Ort und jede Person, der wir begegnen, unmittelbar Bewertungen und Erfahrungsberichte zu erhalten. Auch unser Gesundheitswesen wird revolutioniert und völlig neue Therapiemöglichkeiten entwickeln.

Dank der Fortschritte in der Genetik und der Stammzellentechnologie wird unser Leben komplexer sein. Bestimmte Gene können unser Leben automatisch verlängern, indem wir diese Gene aktivieren. An Kleinlebewesen wurde bereits nachgewiesen, dass dies machbar ist und ungeahnte Möglichkeiten eröffnet. Jüngste Ergebnisse in der Hirnforschung zeigen, dass uns Künstliche Intelligenz in völlig neue Bereiche führen wird. Künstliche Intelligenz ist nicht nur davon abhängig, wie schnell Informationen verarbeitet werden können, sondern auf welche Weise. Mittels Künstlicher Intelligenz lassen sich Informationen viel rascher verwerten, als es dem menschlichen Gehirn möglich wäre. Zugleich werden aber immer wieder auch Einschränkungen der Künstlichen Intelligenz offenbar. Sie zeigen, dass es ihr lediglich in Einzelbereichen möglich ist, herausragende Ergebnisse zu erzielen. Komplexe Vielfalt lässt sich mit Künstlicher Intelligenz bisher nur sehr beschränkt abbilden.

Unser menschliches Gehirn kann jeweils mehr als nur eine Information verarbeiten. Unterschiedliche Gehirnareale erfassen komplexe Situationen, da wir in der Lage sind, auf mehreren Ebenen gleichzeitig Dinge wahrzunehmen und zu verarbeiten. Aber auch die Künstliche Intelligenz wird sich mit Sicherheit dahin entwickeln, dass es ihr möglich sein wird, unabhängig zu denken und zu lernen. Das menschliche Gehirn ist ein komplexes System, das aus chemischen Reaktionen und elektrischen Impulsen besteht. Jeder Gedanke hat demnach auch eine physische Parallele, die wir allerdings nur schwer erfassen können. Dennoch gilt es, bei der Weiterentwicklung der Künstlichen Intelligenz immer wieder Sicherheitssysteme einzubauen, um zu vermeiden, dass unsere menschliche Intelligenz und Künstliche Intelligenz in einen unabhängigen Wettkampf treten.

Auch die Telekinese zeigt immer weitere Fortschritte, sodass wir dann irgendwann allein durch unsere Gedanken Dinge und Prozesse werden steuern können. Bereits heute gibt es Rollstühle, die Patienten ausschließlich mittels ihrer Gedanken steuern. Unsere Umwelt durch unsere Gedanken zu beeinflussen, erscheint uns heute noch völlig abwegig. Bereits morgen kann dies allerdings Realität sein.

Auch die Grenzen zwischen einer künstlichen und der echten Welt werden immer mehr verwischen und neue Möglichkeiten eröffnen, uns selbst und unsere Umgebung ganz anders wahrzunehmen. Spekulationen gehen inzwischen sogar so weit, dass wir in der Zukunft unser gesamtes Bewusstsein auf ein digitales Medium werden übertragen können. Möglicherweise werden wir vielleicht demnächst allein mit unserem Gehirn direkt ins Internet gehen können und über Telekinese Dinge, die uns umgeben, steuern. Mithilfe der Künstlichen Intelligenz müssen wir versuchen, Selbstlernprozesse der Computer in Gang zu bringen.

Künstliche Intelligenz ist die mächtigste Technologie des 21. Jahrhunderts. Alle Bereiche der Wirtschaft und Wissenschaft werden durch sie beeinflusst. Derzeit bedienen sich die Plattform-Unternehmen in erster Linie der Künstlichen Intelligenz und sind damit extrem erfolgreich. Der Markt und die Gesellschaft werden sich sehr stark verändern und neue Strukturen schaffen. In Deutschland wurden mit klassischen Industrieprodukten in erster Linie weltweite Exportmöglichkeiten entwickelt und ausgebaut. Durch Künstliche Intelligenz wird zukünftig vermutlich bis zu 70 Prozent Automation entwickelt und etabliert. Dies verändert die klassische Industrieproduktion in hohem Maße.

Die strengen Auflagen des Datenschutzes behindern in Deutschland eine expansive Weiterentwicklung der Künstlichen Intelligenz. Durch die Ausformulierung ethischer Prinzipien und ein nachdrückliches Eintreten für ethische Maßstäbe könnte es Deutschland jedoch möglicherweise gelingen, im Bereich der Künstlichen Intelligenz auf diesem Gebiet eine Vorreiterrolle einzunehmen. Mit der Künstlichen Intelligenz gehen viele ethische Herausforderungen einher, die einen humanistischen Wertekodex einfordern. Denn neue Anwendungsgebiete Künstlicher Intelligenz sind unabdingbar immer auch vor dem Hintergrund eines Menschenbildes zu sehen, bei dem die Gemeinschaft den Vorrang hat vor dem Egoismus kleiner Machtgruppierungen. Durch adäquate ethische Grundlagen und eine entsprechende Gesetzgebung müssen Souveränität und Freiheit jedes Einzelnen verbürgt sein. Verborgenen Manipulationsmöglichkeiten muss ein Riegel vorgeschoben werden. Leitgedanke dabei sollten stets demokratische Grundsätze sein, um Unabhängigkeit und Souveränität eines jeden Einzelnen als wichtigste Werte zu schützen.

## Literatur

Gödel, K. (1931). *Über formal unentscheidbare Sätze der Principia Mathematica und verwandter Systeme I*. Akademische Verlagsgesellschaft.

Heylighen, F., Joslyn, C., & Turchin V. (2002). *Principia Cybernetica Web* (Principia Cybernetica, Brussels). http://cleamc11.vub.ac.be/. Zugegriffen am 20.04.2022.

Heylighen, F., & Wilson, D. S. (2021a). *The global brain – Part one* (29. September 2021). https://www.youtube.com/watch?v=GdSPYN_P_OE. Zugegriffen am 20.04.2022.

Heylighen, F., & Wilson, D. S. (2021b). *The global brain – Part two* (29. September 2021). https://www.youtube.com/watch?v=e5byNc5DqJ4. Zugegriffen am 20.04.2022.

Klatt, R. (2020). Neuralink – Implantat verbindet Gehirn und Computer. *Forschung und Wissen* (29. August 2020). https://www.forschung-und-wissen.de/nachrichten/technik/neuralink-implantat-verbindet-gehirn-und-computer-13374103. Zugegriffen am 20.04.2022.

Leibniz, G. F. (1987). Brief an Herzog Rudolf August von Braunschweig vom 2. Januar 1697. In Akademie der Wissenschaften (Hrsg.), *Allgemeiner historischer und politischer Briefwechsel. Dreizehnter Band August 1696–April 1697, S. 117*. Akademie.

Rousseau, J.-J. (2012). In R. Brandt (Hrsg.), *Vom Gesellschaftsvertrag oder: Prinzipien des Staatsrechts*. Akademie.

Rousseau, J.-J. (2012). *Vom Gesellschaftsvertrag oder: Prinzipien des Staatsrechts*. (Klassiker Auslegen, Band 20). Herausgegeben von R. Brandt. Akademie Verlag.

Schmidhuber, J. (2021). *1931: Kurt Gödel, Vater der theoretischen Informatik, entdeckt die Grenzen des Berechenbaren und der künstlichen Intelligenz*. https://people.idsia.ch/~juergen/goedel-1931-begruender-theoretische-informatik-KI.html. Zugegriffen am 21.04.2022.

Wolf, C. (4. Januar 2017). Ein neuer Atlas des Gehirns. *Spektrum.de*. https://www.spektrum.de/magazin/hirnkartierung-ein-neuer-atlas-des-gehirns/1432040. Zugegriffen am 20.04.2022.

Zuse, H. (2009–2021). *Konrad Zuse Homepage*. http://www.konrad-zuse.de. Zugegriffen am 21.04.2022.

# Literaturempfehlungen

Arendt, H. (2018). *Die Freiheit frei zu sein.* dtv.

Aristoteles. (1991). *Metaphysik.* Universal-Bibliothek Nr. 7913; Metaphysik: Schriften zur ersten Philosophie. Herausgegeben von Franz F. Schwarz. Reclam.

Aurel, M. (2008). *Selbst-Betrachtungen.* Kröner.

Bloch, E. (1985). *Das Prinzip Hoffnung.* Suhrkamp. *Geist der Utopie.* Suhrkamp, 1985.

Dobelli, R. (2019). *Die Kunst des digitalen Lebens.* Piper.

Dueck, G. (2011). *Professionelle Intelligenz – Worauf es morgen ankommt.* Eichborn.

Epikur. (2011). *Wege zum Glück* (übers. von Matthias Hackemann). Anaconda.

Foucault, M. (1983). *Der Mut zur Wahrheit.* Suhrkamp.

Freud, S. (1921). *Massenpsychologie und Ich-Analyse.* Nikol.

Gigerenzer, G., & Kober, H. (2020). *Risiko: Wie man die richtigen Entscheidungen trifft.* Pantheon.

Haeckel, E. (2019). *Die Welträtsel.* Herausgegben von M. Quante. Kröner.

Harari, N. (2013). *Eine kurze Geschichte der Menschheit.* DVA.

Hegel, G. W. F. (1986). *Phänomenologie des Geistes.* G.W.F. Hegel Werke in 20 Bänden. Band 3. Herausgegeben von E. Moldenhauer & K. M. Michels (Hrsg.). Suhrkamp.

© Der/die Herausgeber bzw. der/die Autor(en), exklusiv lizenziert an Springer Fachmedien Wiesbaden GmbH, ein Teil von Springer Nature 2022
A. Kitzmann, *Künstliche Intelligenz*, https://doi.org/10.1007/978-3-658-37700-7

Herder, J. G. (1966). *Ideen zur Philosophie der Geschichte der Menschheit*. Löwit.

Hesse, H. (1927). *Der Steppenwolf*. Suhrkamp.

Hildt, E., & Franke, A. F. (Hrsg.). (2013). *Cognitive enhancement. An interdisciplinary perspective*. Springer.

Hume, D. (1993). *Eine Untersuchung über den menschlichen Verstand*. Meiner.

Husserl, E. (1986). *Die Idee der Phänomenologie*. Meiner.

Huxley, J. (1974). *Ein Leben für die Zukunft*. List.

Jung, C. G. (1958). *Gesammelte Werke*. Rascher.

Kant, I. (1986). *Kritik der reinen Vernunft*. Reclam.

La Mettrie. (1990). *Die Maschine Mensch*. Meiner.

Lämmel, U., & Clewe, J. (2020). *Künstliche Intelligenz* (5. Aufl.). Hanser.

Leibniz, G. (2013). *Neue Abhandlungen über den menschlichen Verstand*. Edition Holzinger.

Lenzen, M. (2019). *Künstliche Intelligenz* (3. Aufl.). Beck.

Meckel, M. (2018, April 12). Der Spion in meinem Kopf. *Die Zeit*, S. 36.

Nietzsche, F. (2000). *Die fröhliche Wissenschaft*. Reclam.

Ortega y Gasset, J. (2012). *Der Aufstand der Massen, mit einem Nachwort von Michael Stürmer*. DVA.

Penrose, R. (2004). *Der Weg zur Wirklichkeit*. Spectrum.

Popper, K. (2003). *Die offene Gesellschaft* (8. Aufl.). Mohr Siebeck.

Precht, R. D. (2020). *Künstliche Intelligenz und Sinn des Lebens*. Goldmann.

Rousseau, J.-J. (2012). *Vom Gesellschaftsvertrag oder: Prinzipien des Staatsrechts*. (Klassiker Auslegen, Band 20). Herausgegeben von R. Brandt. Akademie Verlag.

von Schirach, F. (2021). *Jeder Mensch*. Luchterhand.

Schopenhauer, A. (2009). *Die Welt als Wille und Vorstellung*. Anaconda.

Seneca. (2018). *Vom glücklichen Leben*. Kröner.

Simon, W. (2019). *Künstliche Intelligenz*. BoD Books on Demand.

Slingerland, E. (2014). *Wie wir mehr erreichen, wenn wir weniger wollen: Das Wu-Wei-Prinzip*. Berlin Verlag.

Spengler, O. (2014). *Der Untergang des Abendlandes* (3. Aufl.). Edition Holzinger.

Vico, G. (2017). *Prinzipien einer neuen Wissenschaft*. Meiner.

Arnold Kitzmann

# Glück und positives Denken

Anregungen
und Strategien
für mehr Lebensfreude

SACHBUCH

 Springer

**Jetzt bestellen:**
link.springer.com/978-3-658-30285-6

Printed by Printforce, the Netherlands